果树丰产栽培技术丛书

TAO YOUZHI
FENGCHAN
ZAIPEI
SHIYONG
JISHU

桃优质丰产栽培实用技术

陈敬谊 主编

化学工业出版社
·北京·

图书在版编目（CIP）数据

桃优质丰产栽培实用技术/陈敬谊主编．—北京：化学工业出版社，2016.1（2024.10重印）
（果树丰产栽培技术丛书）
ISBN 978-7-122-25697-3

Ⅰ．①桃…　Ⅱ．①陈…　Ⅲ．①桃-果树园艺
Ⅳ．①S662.1

中国版本图书馆 CIP 数据核字（2015）第 282258 号

责任编辑：邵桂林　　文字编辑：周　倜
责任校对：宋　玮　　装帧设计：刘剑宁

出版发行：化学工业出版社（北京市东城区青年湖南街 13 号　邮政编码 100011）
印　　装：北京盛通数码印刷有限公司
850mm×1168mm　1/32　印张 6½　字数 169 千字
2024 年10月北京第 1 版第 13 次印刷

购书咨询：010-64518888　　售后服务：010-64518899
网　　址：http://www.cip.com.cn
凡购买本书，如有缺损质量问题，本社销售中心负责调换。

定　　价：25.00 元

前 言

桃树栽培管理技术的高低直接影响桃园的经济效益。在现代农业的大背景下，果树的栽培生产管理，已经不能仅关注果品的产量，更应注重果品的质量，才能满足市场需求，才能创造出高的经济效益，这就需要有现代的、先进的果树栽培和管理技术做后盾。同时随着国家现代新型农业产业体系的建设，越来越多的人加入到现代农业的经营与管理的行列，尤其各地新建各种大型农业园区、桃园区等的发展势头强劲，桃的优质、高效、丰产栽培与管理技术是相关从业者必须掌握的关键技术。

本书对桃生产现状与发展趋势、桃优良品种的特性与品种选择、桃育苗技术、桃园建园技术、桃树的营养与土肥水管理技术、桃树整形修剪、花果管理技术、桃树病虫害防治技术等内容进行了详细介绍，以便使桃的种植及管理人员、相关技术服务人员能够全面、详尽地掌握桃优质丰产的现代栽培技术。

本书结合笔者多年生产一线的实践经验，根据桃栽培管理中的实际需求，力求介绍生产中最实用的先进技术，介绍生产新动向，以服务于现代农业大背景下的桃产业的发展需求，使内容贴近实际，解决果农在生产中遇到的实际问题。

本书由陈敬谊主编，贾永祥、白小波参编。在编写过程中，参阅了一些专家、学者的研究成果及相关书刊资料，在此表示真诚的谢意。

由于水平有限，加之时间仓促，书中疏漏之处，敬请读者批评指正。

编者

2016 年 1 月

目录

contents

第一章 概 述

第一节 桃树栽培的经济意义

一、桃果营养丰富

桃果营养丰富，是我国人民最喜欢的水果之一。每100克新鲜果肉含糖7～15克，有机酸0.2～0.9克，蛋白质0.4～0.8克，脂肪0.1～0.5克，维生素C 3～5毫克，维生素B_1 0.01毫克，维生素B_2 0.2毫克，类胡萝卜素1.18克。

桃果除供生食以外，还可进行加工，是食品工业的主要原料，如制作罐头、果脯、果汁、果冻等。

桃树的根、皮、叶、花、仁也都可入药。

二、适应性强，结果早，丰产快

桃树对土壤、气候的适应性很强，无论南方、北方，山地、平地、砂地均可栽培。桃幼树生长快，结果早，丰产快，2～3年即可进入丰产期。但经济寿命较短，肥水好、管理技术好、稀植大冠树20年左右，密植树10年左右。

三、花果艳丽，有许多观赏类型

花果艳丽，有许多观赏类型，是绿化、美化环境的树种之一，如碧桃、寿星桃等。

第二节　栽培历史和现状

一、栽培历史

桃树原产于我国黄河上游的高原地带，3000 年前就开始人为栽培。诗经上有“桃之夭夭、灼灼其华”的记载。公元前一世纪(汉武帝时)，经中亚传至伊朗，后又传到地中海沿岸到欧洲，后传入美洲。目前桃的栽培已遍及世界各地，由于其对风土适应性强，目前主要分布在南北纬 25°～45°之间。

二、我国桃的栽培现状

目前桃树栽培几乎遍及全国。其中以江苏、浙江、河南、河北、山西、陕西及京、津等省市栽培最多，并已形成许多名产区，如山东的佛桃、河北深县蜜桃、甘肃宁县的黄甘桃、浙江奉化玉露水蜜桃等，北京的昌平被定为国家优质桃生产基地，河北乐亭每年产鲜桃 24 万吨，销往东北及其他地区。

第三节　桃生产存在的问题及发展趋势

一、存在的问题

1. 单产低、果品质量差

果园管理水平低，技术投入不足，导致结果晚、单产低、果品质量差。

2. 生产规模小而分散

我国桃树生产基本上都是一家一户的分散生产经营，少则不到 1500 米^2，多则 20000～35000 米^2。生产规模过小，又缺少必要的合作组织，使生产投入和产品销售困难重重。应逐步扩大生产规模，建立健全各种形式合作组织或生产协会，以增强生产者的生产投入能力和抵御市场风险的能力。

3. 品种结构有待进一步调整

目前，我国桃树生产中早熟、极早熟和晚熟品种所占比重大，而中熟和极晚熟品种较少；普通桃较多，油桃和蟠桃较少；白肉桃多，黄肉桃较少；鲜食桃多，加工桃极少。今后应控制早、晚熟品种规模，扩大中熟和极晚熟品种面积，适当发展油桃、蟠桃、黄色果肉桃和制汁专用品种。

4. 管理技术落后

管理粗放，技术落后，病虫害危害严重。

二、发展趋势

1. 品种多样化、良种化

桃生长速度快，结果早，寿命短，通过杂交育种易获得更多的变异后代，品种更新快，几乎每年都有新品种出现。桃的栽培品种很多，全世界约有 3000 多种，加上保护地桃的栽培，现在是同一成熟期栽一个品种，而以不同成熟期品种相互搭配，使整个桃的果实按季节稳定地供应市场。

2. 适度密植，早果丰产

适度密植，早果丰产是桃树栽培发展的趋势。通过密植栽培并采取配套的栽培技术，桃可达到 2 年结果，3 年丰产，并且树体矮小，方便管理，产量高，品质好，效益显著。

3. 生产绿色桃果品

通过规范管理，从园地环境、栽培管理等各环节严格规范生产，确保果品无污染、安全、优质。

第二章 优良品种

桃品种类型的划分如下。

（1）根据地方品种的生态型对品种进行划分　有北方品种群、南方品种群和西北品种群，其中北方品种群的典型代表品种有肥城桃和深州蜜桃，南方品种群有白花水蜜、奉化蟠桃，西北品种群的代表是黄甘桃。目前，生产中的栽培品种融入了多种来源的基因，很难划分生态品种群，但总的来说偏向南方品种群。

（2）根据实用目的、果实或花类型划分　分为普通桃、油桃、蟠桃、加工桃、砧木桃和观赏桃6个品种群。

（3）根据果实性状划分　根据果实成熟期可划分为极早熟（从开花至果实成熟的天数，即果实发育期在65天）、早熟（果实发育期65～90天）、中熟（果实发育期91～120天）、晚熟（果实发育期121～150天）和极晚熟（果实发育期150天以上）；按照果实果肉颜色分为白肉、黄肉和红肉；根据肉质分为溶质（又分为软溶质和硬溶质）、不溶质以及硬肉等。

第一节 普　通　桃

目前生产上常用的优良普通桃品种如下。

早熟品种：早美、春艳、早霞露、春花、京春、霞晖1号、春雪、雪雨露、秦捷、日川白凤、砂子早生、早凤王、锦香。

中熟品种：霞晖5号、早玉、仓方早生、霞晖6号、湖景蜜露、大久保、川中岛白桃。

晚熟品种：华玉、燕红、八月脆、锦绣、晚湖景、晚蜜、秦王。

1. 五月金

中国农业科学院郑州果树研究所用（白凤×五月火）1-10×曙光人工杂交，通过胚培养选育而成。果实圆形，平均单果重 80 克，最大果重 130 克；果面 70%着玫瑰红晕和条纹，茸毛中等；果肉黄色，硬溶质，风味甜，有香味；黏核。

树势中庸健壮，树姿半开张，以长、中果枝结果为主；成花容易，花芽起始节位低；秋叶紫红色；花粉多，白花坐果能力强，极丰产。果实发育期 50～53 天，在郑州 5 月下旬成熟。需冷量 600 小时。

2. 春艳

青岛市农业科学研究所用早香玉×仓方早生杂交选育而成。果实近圆形，果顶圆，单果重 110～150 克；硬熟期底色纯白，果顶微红，完全成熟后着鲜红色；果肉乳白色，硬溶质，汁液中等，风味甜；黏核。

植株开始结果早，丰产性强，以长果枝结果为主。在郑州 3 月下旬开花，6 月初果实成熟，果实发育期 65 天。

3. 霞晖 1 号

江苏省农业科学院园艺研究所用朝晖×朝霞杂交选育而成。平均单果重 130 克，最大果重 210 克；果皮底色乳黄，顶部有玫瑰色红晕；果肉白色至乳黄色，风味甜；黏核。

树姿半开张，树势较强健；各类果枝均能结果，复花芽多；无花粉，需配置授粉树，以晖雨露、雨花露为授粉树，可获得丰产。在郑州 4 月上旬开花，6 月中旬果实成熟，果实发育期 70 天。需冷量 800～850 小时。

4. 砂子早生

日本品种。果实大，平均单果重 150 克，最大 400 克；果形椭圆，两半部较对称，果顶圆；果皮底色乳白，顶部及阳面具红霞，皮易剥离；果肉乳白色，有少量红色素渗入，肉质致密，汁液中多，风味甜，香气中等；半离核。

树姿开张，树势中等或稍强；结果枝粗壮，单花芽居多；长果枝春、夏梢间常形成盲芽，花粉败育，需配置授粉品种或进行人工授粉。在郑州 4 月上旬开花，6 月下旬果实成熟，果实发育期 77 天。冬季需冷量 800～850 小时。

5. 安农水蜜

安徽农业大学园艺系在砂子早生中发现的自然株变。果形大，平均果重 145 克，最大果重 258 克；果形椭圆或近圆，顶部圆平或微凹，缝合线浅；果皮底色乳黄，着红晕，外观美，果皮易剥离；果肉硬溶，乳白色，局部微带淡红色，香甜可口；半离核。

树姿较开张，树势强健；以长中果枝结果为主，易于成花，多复花芽；花为蔷薇型，无花粉。在郑州 6 月中下旬果实成熟，果实发育期 78 天。

6. 早久保

别名香山蜜，大久保芽变。果实近圆形，平均单果重 154 克；果顶圆，微凹，缝合线浅，两侧较对称，果形整齐；茸毛少，果皮淡绿黄色，阳面有鲜红色条纹及斑点，皮易剥离；果肉乳白色，皮下有红色，近核处红色，肉质柔软，汁液多，风味甜，有香气；离核或半离核。

树势中等，树姿开张；以中长果枝结果为主，花芽起始节位低，复花芽多；花蔷薇型，花粉多。丰产性良好。郑州 4 月初开花，7 月上旬果实成熟，果实发育期 90 天。

7. 仓方早生

日本品种。果实大，平均单果重 127 克，最大果重 206 克；果形圆，较对称，果顶圆；果皮乳白色，向阳面着暗红斑点和晕，不易剥离；果肉乳白稍带红色，硬溶，风味甜，有香气；黏核。

树姿半开张，树势强健；幼树以长果枝结果为主，随着树龄增长，中短果枝增多；花芽分化的起始节位低；花为蔷薇型，无花粉，需配置授粉树。在郑州 4 月上旬开花，7 月上旬果实成熟，果实发育期 88 天。冬季的需冷量 900 小时。

8. 朝晖

江苏省农业科学院园艺研究所以白花为母本、橘早生为父本杂交选育而成。果实大，平均单果重155克，最大果重375克；果实圆正，顶部圆或微凹；果皮底色乳白，着玫瑰色红晕，皮不易剥离；肉质致密，近核处着玫瑰红色，硬溶，风味甜，有香气；黏核。

树姿开张，树势中强；以中短果枝结果为主，复花芽多，无花粉。在郑州4月初开花，7月中旬果实成熟，果实发育期105天。需冷量800～850小时。

9. 大久保

日本品种。果实大，平均单果重205克；果形圆，对称，果顶圆平，微凹；果皮底色乳白，着红晕，皮易剥离；肉质硬溶，致密，风味甜，略有酸味，有香气；离核。

树冠开张性强，枝条容易下垂，幼树长果枝多；进入结果期早，盛果期后树势易衰弱，以中短果枝结果为主；复花芽多而饱满，花芽起始节位低；花粉量多，丰产、稳产。在郑州7月下旬果实成熟，果实发育期110天。需冷量850～900小时。

第二节 油 桃

目前生产上常用的优良油桃品种如下。

早熟品种：极早518、千年红、紫金红1号、金山早红、曙光、华光、艳光、玫瑰红、中油系列、瑞光系列。

中熟品种：瑞光美玉、瑞光28号、瑞光18号、双喜红、中油系列、早红2号。

晚熟品种：晴朗。

1. 千年红

中国农业科学院郑州果树研究所以90-6-10（白凤×五月火）为母本、以曙光为父本杂交，经胚培养选育而成。果实椭圆形，两半部较对称，果顶圆，平均单果重80克；果皮光滑无毛，底色乳黄，果面75%～100%着鲜红色，果皮不易剥离；果肉黄色，红色素少，肉质硬溶，汁液中等，纤维少；果实风味甜；果核浅棕色，黏核。

树势中强，树姿较开张；幼树生长较旺，萌芽力和成枝力均较强，以中长果枝结果为主，进入盛果期后，各类果枝均能结果；复花芽居多，花芽起始节位低；叶片数天变为紫红色；花色粉红，花粉多。在郑州3月底始花，5月下旬果实成熟，果实生育期55天左右。需冷量600～650小时。

2. 五月火

美国品种。果实较小，平均单果重75克，最大果重110克；果形卵圆，两半部对称，果顶微凸；果皮底色橙黄，全面着红色，有光泽，外观美，皮能剥离；果肉硬溶，黄肉，汁液中等，有香气，风味酸多甜少；黏核。

树姿半开张，树势较强；以中长果枝结果为主；花芽较小，复花芽居多，花芽起始节位低；花粉量多，坐果率高，丰产性能良好。在郑州3月底开花，6月上旬果实成熟，果实发育期65天。需冷量550小时。

3. 曙光

中国农业科学院郑州果树研究所以丽格兰特×瑞光2号杂交选育而成。果实近圆形，平均单果重90～100克，最大果重150克；外观艳丽，全面着深红色；果肉黄色，硬溶质，风味甜稍淡，有香气；黏核。

树势中强，树姿半开张；以中长果枝结果为主；花粉量多，丰产性能一般。在郑州4月初开花，6月上旬果实成熟，果实发育期65天。需冷量650小时。

4. 华光

中国农业科学院郑州果树研究所以瑞光3号×阿姆肯杂交选育而成。果实近圆形，平均果重80克；果面1/2以上着玫瑰红色，外观美；果肉白色，肉质软溶，风味浓甜，有香气；黏核。适合在雨水较少的黄河以北地区种植和北方保护地栽培。

树势中强，树姿半开张，树体紧凑；以中长果枝结果为主；复

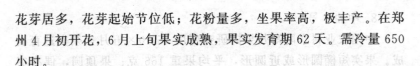

花芽居多，花芽起始节位低；花粉量多，坐果率高，极丰产。在郑州4月初开花，6月上旬果实成熟，果实发育期62天。需冷量650小时。

5. 艳光

中国农业科学院郑州果树研究所以瑞光3号×阿姆肯杂交选育而成。果实椭圆形，平均果重120克；果面1/2以上着玫瑰红色，外观美；果肉白色，肉质软溶，风味浓甜，有香气；黏核。

树势强，树姿直立；以中长果枝结果为主；花粉量多，坐果率高，丰产性能好。在郑州4月初开花，6月上中旬果实成熟，果实发育期70天。需冷量650小时左右。

6. 双喜红

中国农业科学院郑州果树研究所以瑞光2号为母本、以89-14-12（25-17×早红2号）为父本杂交选育而成。果实圆形，两半部对称，果顶平，果尖凹入；平均单果重170克，最大果重250克；果皮光滑无毛，底色乳黄，果面75%～100%着鲜红色或紫红色，果皮不易剥离；果肉黄色，红色素少，肉质硬溶，汁液中，纤维少，果实风味浓甜；果核浅棕色，离核或半离核。

树势中庸，树姿较开张；萌芽力和成枝力均较强；复花芽居多，花芽起始节位低；幼树以中长果枝结果为主，进入盛果期后，各类果枝均能结果；花粉多，白花结实率较曙光好。在郑州3月底始花，6月底至7月初果实成熟，果实生育期90天左右。需冷量650小时。

7. 中油4号

中国农业科学院郑州果树研究所用25-17×五月火杂交选育而成。果实椭圆至卵圆形，平均果重148克；果顶尖圆，缝合线浅；果皮底色黄，全面着鲜红色至紫红色，果皮难剥离；果肉橙黄色，硬溶质，肉质较细，风味甜；黏核。

树势中庸，树姿半开张；发枝力和成枝力中等；以中短果枝结果为主；花粉多，极丰产。在郑州4月初开花，6月中旬果实成熟，果实发育期80天。

8. 中油 5 号

中国农业科学院郑州果树研究所用 25-10×五月火杂交选育而成。果实短椭圆形或近圆形，平均果重 166 克；果顶圆，偶有突尖，缝合线浅，两半部稍不对称；果皮底色绿白，大部分着玫瑰红色；果肉白色，硬溶质，果肉致密，风味甜；黏核。有果顶先熟现象。

树势强健，树姿较直立；萌芽力及成枝力均强；各类果枝均能结果，但以长中果枝结果为主；花粉多，丰产。在郑州 4 月初开花，6 月中旬果实成熟，果实发育期 72 天。

9. 早红 2 号

美国品种。果形较大，平均单果重 117 克，最大果重约 220 克；果实圆形至椭圆形，两半部对称，果顶微凹；果皮底色橙黄，全面着鲜红色，有光泽，皮不易剥离；果肉橙黄色，渗有少量红色素，肉质硬溶，汁液中等，风味甜酸适中，有芳香；离核。裂果现象极少，耐储运。

树姿半开张，树势强健；枝条粗壮，各类果枝均能结果；花芽起始节位低，且多为复花芽；花粉多，丰产性能好。在郑州 7 月上旬果实成熟，果实生育期 90～95 天。需冷量 500 小时。

第三节 蟠 桃

目前生产上常用的优良蟠桃品种如下。

早熟品种：早露蟠桃、瑞蟠 14 号、蟠桃皇后、早黄蟠桃、贵妃红。

中熟品种：早魁蜜、瑞蟠 3 号、瑞蟠 17 号、瑞蟠 22 号、美国红蟠桃、农神、银河、124 蟠桃。

晚熟品种：瑞蟠 4 号、瑞蟠 21 号、碧霞蟠桃。

1. 早露蟠桃

北京市农林科学院林业果树研究所以撒花红蟠桃为母本、早香玉为父本杂交选育而成。果实中等大，平均单果重 80 克，最大 95

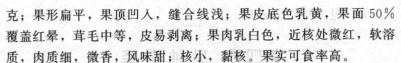

克；果形扁平，果顶凹入，缝合线浅；果皮底色乳黄，果面50%覆盖红晕，茸毛中等，皮易剥离；果肉乳白色，近核处微红，软溶质，肉质细，微香，风味甜；核小，黏核。果实可食率高。

树姿开张，树势中庸；各类果枝均能结果；复花芽居多，花芽起始节位低；花粉量多，丰产。在郑州6月上中旬果实成熟，果实发育期67天。需冷量750小时。

2. 蟠桃皇后

中国农业科学院郑州果树研究所用早红2号×早露蟠桃杂交育成，经胚培养选育而成。果实扁平，果个大，平均单果重173克，最大果重200克；果面60%着玫瑰红晕；果肉白色，硬溶质，风味浓甜，可溶性固形物含量15%，有香味；黏核。

树势中庸健壮，树姿半开张，各类果枝均能结果；节间短；成花容易，复花芽多，花芽起始节位为低；花粉多，自花结实，丰产性好。在郑州6月13日左右成熟，果实发育期70～73天。

3. 农神蟠桃

美国品种。果实中等大，平均单果重90克，最大果重130克；果形扁平，果顶凹入，但比一般品种要平；果皮底色乳白，全面着鲜红色至紫红色晕，皮易剥离；果肉乳白色，近核处少有红色，硬溶质，硬熟时脆甜，完熟后柔软多汁，风味浓甜，有香气，含可溶性固形物10.7%；离核。

树姿半开张，树势中强；各类果枝均能结果；复花芽居多，花芽起始节位较低；花粉量多，坐果率很高，丰产。在郑州4月上旬开花，7月中旬果实成熟，果实发育期100天。需冷量750小时。

4. 瑞蟠4号

北京市农林科学院林业果树研究所以晚熟大蟠桃为母本、扬州124蟠桃为父本杂交育成。果实扁平，平均单果重200克，最大果重350克；果皮绿白色，果面50%以上着紫红晕；果肉绿白色，硬溶质，味浓甜；黏核。

树势中等，树姿半开张；花蔷薇型，有花粉，坐果率高，丰产性好。在郑州4月初开花，8月下旬果实成熟，果实生育期135

天。需冷量700～750小时。

第四节 品种选择

一、桃品种的发展趋势

1. 鲜食品种多样

白肉普通桃占主导地位。鲜食黄肉桃、油桃、蟠桃因有其各自特点，都已得到消费者的认可。

2. 罐桃加工品种专业化

以黄肉、黏核、不溶质为典型特征的罐桃加工品种的专业化程度越来越高，品种要求肉质黄色程度高、果肉无红色、不溶质且肉质硬、丰产、易管理，如NJC83、金童系列等。

3. 重视果实品质

无论鲜食品种还是加工品种，果实品质越来越受重视；在鲜食品种中，大、红、甜、硬、不裂果为主要品质要求。

4. 成熟期改变

成熟期向极早和极晚方向延伸。

5. 抗性强

抗病虫能力强的品种大大减少了农药的施用，成本低且可生产更安全的果品。

二、品种的选择

在选择品种时应注意如下几点。

1. 生态适应性

所选品种对当地的气候、土壤有较好的适应性最重要。南方冬季较为温暖的地方，应选择需冷量低、在当地能顺利通过自然休眠的品种。南方许多地区春季果树开花期阴雨天较多，常因花期遇雨而严重坐果不良，产量低而不稳。同时这些地区春季回暖早，桃树解除自然休眠后即可萌芽开花，需冷量低的品种开花早，需冷量高的品种开花晚，品种间开花早晚差异很大。如在广东省东部山区，当地的低需冷量品种 2 月上中旬开花，而北方引入的需冷量相对较高品种，4 月才开花。在这些地区，应根据需冷量高低和开花早晚，选择花期降雨较少的品种。

在果实发育中后期气候干湿变化剧烈的地区，应选择抗裂果性强的品种。

长城以北地区冬季严寒，春季温度变化剧烈，生长期短，热量不足，选择品种要抗寒性强，能安全越冬；果实发育期短，能正常成熟；需热量高，萌芽开花晚，尽量避开晚霜危害。

2. 地域优势

我国南方各省春天来得早，生长季长，各成熟期的品种果实成熟期都大大早于北方地区，极晚熟品种也能正常成熟。极早熟品种，甚至早熟品种成熟上市时，北方产区尚无桃可售；中熟、晚熟品种成熟上市期与北方极早熟、早熟或中熟品种相比，果实品质占优。

3. 考虑市场需求

鲜食，选择果实个大、果形美观、果面鲜红、果肉硬脆、风味浓郁的品种。为加工厂生产原料，应根据加工品的要求选择品种。如制罐品种要求果实大小适中、整齐度较高、果形圆整、果肉金黄无杂色、不溶质、有香气、黏核等。

4. 优质、丰产、高效

选择品质优良、结果早、丰产性好的品种。树势中庸健壮，树姿半开张，白花结实能力强，成花容易，复花芽多，各类果枝均能成花结果，坐果率高，采前落果少，不易裂果等。

桃果不耐储运，远距离销售时应选择耐储运性能较好的硬肉品种。但软溶质桃风味品质更好，在一定销售距离内可适当发展一定数量的优良软溶质品种。

第三章 生长结果习性

果树的生长结果习性包括根系、芽、枝、叶、开花、结果、果树的发育等特性。按照果树的生长结果习性，进行科学的管理，是果树丰产、高效的基础。

第一节 根的特性

根系是桃树赖以生存的基础，是果树的重要地下器官。根系的数量、粗度、质量、分布深浅、活动能力强弱，直接影响果树地上部的枝条生长、叶片大小、花芽分化、坐果、产量和品质。土壤的改良、松土、施肥、灌水等重要果树管理措施，都是为了给根系生长发育创造良好的条件，以增强根系生长和代谢活动、调节树体上下部平衡、协调生长，从而实现桃树丰产、优质、高效的生产目的。我们常说的“根本”一词就是说“根”才是树的“本”，是桃树地上部生长的基础，根系生长正常与否都能从地上部的生长状态上充分表现出来。

桃树多采用嫁接栽培，桃栽培品种苗木，其砧木为实生苗，根系则为实生根系。

一、根系的功能

根是桃树重要的营养器官，根系发育的好坏对地上部生长结果有重要影响。根系有固定、吸收、储藏营养、合成、输导、繁殖 6 大功能。

1. 固定

根系深入地下，既有水平分布又有垂直分布，具有固定树体、抗倒伏的作用。

2. 吸收

根系能吸收土壤中的水分和许多矿物质元素。

3. 储藏营养

根系具有储藏营养的功能，果树第二年春季萌芽、展叶、开花、坐果、新梢生长等所需要的营养物质，都是由上一年秋季落叶前叶片制造的营养物质，通过树体的韧皮部向下输送到根系内储藏起来，供应树体地上部第二年开始生长时利用的。

4. 合成

根系是合成多种有机化合物的场所，根毛从土壤中吸收到的铵盐、硝酸盐，在根内转化为氨基酸、酰胺等，然后运往地上部，供各个器官（花、果、叶等）正常生长发育的需要。根还能合成某些特殊物质，如激素（细胞分裂素、生长素）和其他生理活性物质，对地上部生长起调节作用。

5. 输导

根系吸收的水分和矿质营养元素需通过输导根的作用，运输到地上部供应各器官的生长和发育需要。

6. 繁殖

有萌蘖更新、形成新的独立植株的能力。

二、果树根系的结构

桃根系通常由主根、侧根和须根组成。用无性繁殖的植株没有主根。

1. 主根

由种子胚根发育而成。种子萌发时，胚根最先突破种皮，向下生长而形成的根就是主根。

它的作用是固定支持上部的树干和树冠、增加根系的垂直分布深度、产生侧根以及运输根系吸收的水分、养分到地上部等。

2. 侧根

在主根上面着生的各级较粗大的分枝。侧根可增加根系的水平分布范围，与主根共同构成根系的骨架，与主根具有相同的作用。树体在水平范围内对土壤水分和营养的吸收利用程度，取决于侧根的发育程度。

3. 须根

在侧根上形成的较细（一般直径小于 2.5 毫米）的根系。须根是根系的最活跃的部位。可促进根系向新土层的推进，既是根系的伸长生长部位，又是根系从土壤中吸收水分和养分的部位。土壤中的水分和养分是靠直径 1 毫米以下的细根吸收的。栽植时，苗木上应尽量多带些须根。

须根的先端为根毛，是直接从土壤中吸收水分和养分的器官。

砧木不同，根系发育状况不同。毛桃砧根系发育好，须根较多，垂直分布较深，能耐瘠薄的土壤；山桃主根发达，须根少，根系分布较深，能耐旱、耐寒，适于高寒山地栽种；寿星桃的主根短，根群密，细根多；李砧根系浅，细根多。

三、根系的分布

桃属浅根系树种，其根系分布的深广度因砧木种类、品种特性、土壤条件和地下水位等而不同。

1. 水平分布

桃的根系较浅，水平根较发达，分布范围为树冠直径的 1～2 倍，但主要分布在树冠范围之内或稍远。

2. 垂直分布

桃的垂直根不发达，垂直分布受土壤条件影响大，排水良好的砂壤土，根系主要分布于 20～50 厘米的土层中。在土壤黏重、排水不良、地下水位高的桃园，根系主要分布在 5～15 厘米的土层中。在无灌溉条件而土层深厚的条件下，垂直根可深入土壤深层，有较强的耐旱性。桃树的吸收根主要分布在树冠外围 20 厘米左右、深 20～50 厘米的土壤内。

毛桃砧的根系发育好，分布深广；山桃砧须根少，分布较深；

寿星桃砧细根多，直根短，分布浅。

四、影响根系生长的因子

1. 地上部有机养分的供应

叶片制造的养分及茎尖、幼叶合成的激素向根系的回流是影响根系生长的主要因素。

2. 土壤温度

春季土壤温度达0.5℃时根系开始活动，7～8℃时根系开始加快生长，最适温度13～27℃。温度升高达30℃时，根系生长逐渐减缓、停止，超过35℃会引起根系死亡。不同的砧木对温度的要求不同。

3. 土壤水分

最适宜根系生长的土壤含水量是田间最大持水量的60%～80%，当土壤含水量降到最大持水量的40%左右时，根系生长完全停止。

4. 土壤透气性

根系的呼吸需消耗土壤中的氧气，在土壤黏重、板结或涝洼地的果园，土壤中的氧气会限制根系生长。当土壤空气中的氧气达到15%时，新根生长旺盛；到10%时，根系活动正常；到5%时生长缓慢；到3%时则生长停止。

5. 土壤养分

土壤养分越富集，根系分布越集中。在肥水投入有保证的情况下，通过集中施肥，适当减少根系的分布范围，形成相对集中但密度大活性强的根系，可减少因根系建造而消耗的光合产物，利于果树丰产优质。

6. 土壤微生物

土壤条件适宜，通过有益微生物的活动，将土壤中的高分子有机物质、被土壤固定的矿物质分解释放成根系能够吸收的有效成分。

7. 土壤含盐量

土壤含盐量超过0.2%时，新根的生长即受到抑制；超过

0.3%时，根系受伤害。

8. 土壤pH值（酸碱度）

土壤pH值主要通过影响土壤养分的有效性和微生物活动来影响根系的生长和吸收活动，其作用是间接的。pH值超过7.5的碱性土壤上常发生缺铁黄叶现象，不是铁元素缺乏，而是因为pH值高，铁成为不可利用状态。如果将土壤pH值调整到7左右时，铁元素就可转化为可利用状态，缺铁失绿症也就减轻或消失；当pH值为6.5左右时，硝化细菌活动旺盛，能为树体提供较多的硝态氮素。

五、根系的年生长动态

根系在年生长周期中没有自然休眠，只要温度适宜就可生长。

据报道，春季土温0℃以上根系就能吸收氮素，5℃新根开始生长。7月中下旬至8月上旬土温升至26～30℃时，根系停止生长。秋季土温稳定在19℃时，出现第2次生长高峰，对树体积累营养和增强越冬能力有重要意义。初冬土温降至11℃以下，根系停止生长，被迫进入冬季休眠。

桃根系的年生长周期中有两个生长高峰期。5～6月份，土壤温度为20～21℃时是根系生长最旺盛的季节，为第一个生长高峰期；9～10月份，新梢停止生长，叶片制造的大量有机养分向根部输送，土温在20℃左右，根系进入第二个生长高峰期。

桃根系好氧性强，当土壤空气氧含量在15%以上时，树体生长健壮；在10%～15%时，树体生长正常；降至7%～10%时生长势明显下降；在7%以下时根呈暗褐色，新根发生少，新梢生长衰弱。桃园积水1～3天即可造成落叶，尤其是在含氧量低的水中。

第二节　芽、叶、枝的特性

一、芽

果树的芽是叶、枝或花的原始体，是枝或花在形成过程中的临时性器官。

1. 芽的特性

(1) 芽的异质性 在同一枝梢上不同部位的芽，由于发育过程的内外条件不同而形成质量上的差异，是修剪的理论依据之一。

(2) 芽的早熟性 与新梢生长速度有关。当年生枝梢上形成的芽当年就能萌发抽枝，有的可抽枝2～3次。

(3) 萌芽力 一年生枝上的叶芽萌发成枝梢的能力。

(4) 成枝力 一年生枝上的叶芽萌发长成长枝（30厘米）的能力。主要用在修剪方案的制订上。

(5) 芽的潜伏力 潜伏芽能再次萌发成枝的能力，以年龄寿命来做标准。

2. 芽的分类

桃树的芽分为叶芽、花芽和潜伏芽三种。

桃树条上每节仅一芽者，称为单芽，单芽有单叶芽和单花芽之分。每节有两个以上（含两个）的芽，则为复芽，有花芽的为复花芽，复芽实际是短缩枝，复花芽多数是3个芽并生，中间是叶芽，两侧是花芽。4个以上的芽组成的复芽，可较明显地看出短缩的枝。

(1) 叶芽 叶芽外有鳞片，呈三角形，着生在叶腋或顶端，萌芽后抽生枝叶。

桃树萌芽率高、成枝力强，且芽具有早熟性。叶芽大多数能在翌年萌发成不同类型的枝条。

旺长新梢当年可萌发抽生副梢，生长旺盛的副梢上的侧生叶芽可抽生二次副梢，桃树树冠容易出现枝条过多而郁闭的现象，但也可以利用这一特点使幼树提早形成树冠，早结果，早丰产。

枝条下部的叶芽在第二年往往不萌发而成为潜伏芽。

(2) 花芽 花芽外有鳞片，芽体饱满，着生于叶腋下，一般每芽1朵花。花芽的质量主要受树体上年和当年储藏营养的影响，花芽直径越大，绒毛越多，花芽的质量就越好。复花芽多、着生节位低、花芽充实、排列紧凑是丰产性状之一。

（3）潜伏芽　潜伏芽潜伏在枝条内部。枝条外面肉眼见不到的芽称为潜伏芽（也叫隐芽）。潜伏芽在枝条重剪更新复壮时可以萌发。潜伏芽的寿命与品种有关，传十郎的潜伏芽寿命比晚黄金寿命长。

桃树的叶芽萌发率很高，一般只有枝条基部的少数几个叶芽不萌发而形成潜伏芽。桃潜伏芽少、寿命短、萌发力差，所以桃树树冠内膛容易光秃、老龄桃园更新困难。

二、枝

1. 枝的类型

按生长年龄分有一年生枝、两年生枝、多年生枝。

按性质分有结果枝（着生花芽，萌发后开花结果的枝）、营养枝（只着生叶芽，只长叶不开花的枝）。

按连续抽梢的次数分有一次枝（每年只抽生一次）、二次枝（着生在一次枝上的分枝）、三次枝（着生在二次枝上的分枝）等。

按枝的长短分有花束状短枝（0～5 厘米）、短果枝（5～15 厘米）、中果枝（15～30 厘米）、长果枝（30～60 厘米）、发育枝（60 厘米以上）。

2. 枝的生长特性

枝的生长分加长生长和加粗生长两种方式。影响枝生长的因素有品种、砧木、有机养分、内源激素、环境。

（1）顶端优势　活跃的顶端分生组织抑制侧芽萌发或生长的现象。

（2）垂直优势　直立枝生长旺，水平枝生长弱。

（3）树冠的层性　主枝在树干上分层排列的自然现象，是芽的异质性造成的，与整形有关。

3. 枝条（枝干）

枝条是树体地上部分的营养器官，并构成树冠，是叶、花、果与根的连接部分，有支持、输导和储藏功能，是树体重要的组成部分。

枝条分为骨干枝（多年生枝）、一年生枝、新梢。

(1) 骨干枝（多年生枝） 构成树体骨架，起支撑树体，输导、储藏水分、养分的功能。包括各级主、侧枝。

(2) 新梢 经过冬季休眠的芽，春季萌芽长出的当年生叶枝称新梢。新梢上可萌发多级次副梢。桃树的这种多级次的分枝能力，是早成形、早丰产的生物学基础。

(3) 一年生枝 一年生枝按主要功能分为生长枝和结果枝两类。

① 生长枝 1～3年生的幼树生长枝比例较大，进入结果期以后，生长枝比例迅速减少，管理正常的桃园，树冠成形后几乎全部为结果枝。

生长枝以营养生长为主，包括发育枝、徒长枝、单芽枝。

a. 发育枝 主要分布在骨干枝先端，生长旺盛，枝芽充实，粗1.5～2.5厘米，有大量副梢，主要功能是构成树冠的骨架，用作骨干枝或培养大型枝、中果枝、短果枝、花束状果枝。

b. 单芽枝 极短，为1厘米以下，只有一个顶生叶芽，萌发时只形成叶丛，不能结果，当营养、光照条件好转时，也可发生壮枝，用作更新。

c. 徒长枝 主要分布在骨干枝的中后部，直立向上生长。徒长枝生长势强旺，生长季若不加以控制，常形成树上“树”，造成树形紊乱，产量降低，果实品质下降。徒长枝的发生主要是骨干枝角度过大、修剪不当所致。

② 结果枝 桃树的结果枝按其长度可分为徒长性果枝、长果枝、中果枝、短果枝和花束状果枝五类。

a. 徒长性果枝 生长较旺，长60～80厘米，粗1.0～1.5厘米。主要用于培养大、中型结果枝组，利用其结果。

b. 长果枝 长30～60厘米，甚至更长，粗0.5～1.0厘米，花芽充实，多复花芽，是多数品种的主要结果枝。

c. 中果枝 长15～30厘米，花芽多而饱满，坐果率高，果实品质好，是多数品种的主要结果枝类型。

d. 短果枝　长5～15厘米，发育良好的短果枝花芽饱满，坐果率高，是特大型果品种的主要结果枝类型。

e. 花束状果枝　长小于5厘米，多单芽，只有顶芽为叶芽，其余为花芽，老弱树多以该种枝结果，结果后发枝力差，易枯死。

三、叶

桃树叶片是由托叶、叶柄和叶片三部分组成的完全叶，着生在叶芽抽生的枝上，形状为披针形。颜色多数为绿色，有的表现为深绿，有的为浅绿，有些早熟品种在生长后期变为红色或紫红色，黄肉品种常为黄绿色。

1. 叶的作用

叶片是进行光合作用制造有机养分的主要器官，呼吸二氧化碳，制造氧气，蒸腾降温，制造激素，吸收占90%，常绿果树的叶有储藏功能。

2. 叶片年生长周期内形态、色泽的变化

大致分为四个时期，即第一期为4月下旬至5月下旬，叶片迅速增大，颜色由黄绿转为绿色；第二期为5月下旬至7月下旬，叶片大小已形成，叶片的功能达到了高峰；第三期为7月中旬至9月上旬，叶片呈深绿色，终转为绿黄色，质地变脆；第四期为9月上旬至下旬，枝条下部叶片渐次向上产生离层，10月底到11月初开始落叶。

3. 叶幕与叶面积指数

(1) 叶幕　指树冠内叶片集中分布区的总叶片。

合适的叶幕层和密度，使树冠内的叶量适中，分布均匀，充分利用光能，有利于优质高产；叶幕过厚，造成通风透光困难，影响品质；过薄则体积小，光能利用率低，产量低。

叶幕厚薄是衡量叶面积多少的一种方法，常用叶面积指数来表示。

(2) 叶面积指数　树冠内叶面积与其所占土地面积之比，反映了单位面积上的叶密度，一般4～6最适宜。低了则产量低，高于

7则品质下降，矮化密植很好地解决了这一问题。

生产实践中，要求各类枝有一定比例，是为了使整个生长期有光合效能较高的叶幕。

第三节 花芽分化

一、花芽分化的概念

1. 概念

叶芽的生理和组织状态转化为花芽的生理和组织状态。

2. 花芽分化需要的条件

(1) 温度　要求有适宜的温度范围，落叶果树花芽分化后期，需一定的低温（7.2℃）才能完成分化。

(2) 光照　光是光合作用的能源，光照不足，光合速率低，树体营养水平差，花芽分化不良；光照强，光合速率高，同时光照强，可破坏新梢叶片合成的生长素，新梢生长受到抑制，有利于花芽分化。

(3) 水分　花芽分化期适度地短期控水，可促进花芽分化（田间持水量的50%左右）。因为能抑制新梢生长，有利于光合产物的积累，提高细胞液的营养浓度，从而利于花芽分化。

(4) 营养　包括有机营养和矿质营养两部分。充足的营养能保证花芽分化正常进行。如果营养不足，花芽分化少或分化不能彻底完成（花的各器官要齐全才行），造成坐果率低，如杏、枣、李等。

二、分化时期

桃树花芽分化要经历生理分化和形态分化两个时期。

1. 生理分化期

形态分化开始前5～10天为生理分化期，此期新梢生长速度明显放慢，芽中蛋白态氮占总氮量的比率显著升高。

2. 形态分化期

可分为开始分化、萼片分化、花瓣分化、雄蕊分化和雌蕊分化五个时期（图 3-1）。

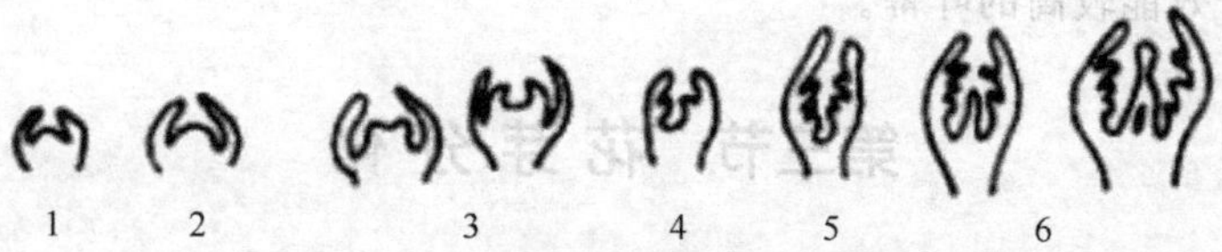

图 3-1　桃花芽分化过程模式图

1—叶芽期；2—分化初期；3—萼片形成期；4—花瓣形成前；5—雄蕊形成期；6—雌蕊形成期

当花芽形成柱头和子房后进入相对休眠。在冬季低温休眠阶段，如休眠时间不足，则部分花芽可遭致败育，败育程度与经历高温时期有关。北方桃移居南方后，常不能正常成花。早春温度上升至 0℃以上，至开花前开始形成性细胞。在性细胞形成期，对条件变化极为敏感，栽培上应注意采收后和早春的管理，以避免造成性器官退化或冻害发生。花芽内部各器官的形成需 3 个月左右。

花芽分化期因地区和品种而异。形态分化从 6 月下旬开始，多集中于 7～8 月份，要求平均气温 20℃以上。一般情况下，下部节位花芽比上部节位花芽分化快，较高一级分化比例大些；封顶枝分化程度较高。

第四节　开花结果

桃树当年抽生的枝即可形成花芽，一般除徒长枝外，桃的发育枝大多就是结果枝，于第 2 年结果。

春季日平均温度达 10℃左右时开始开花，最适温度为 12～14℃。同一品种的开花期为 7 天左右，花期长短因气候条件而异。气温低、湿度大则花期长；气温高、空气干燥则花期缩短。桃树开花早晚因品种、气候、土壤、树龄树势、枝条类型而异。南方冬季短而较温暖，开花早晚主要受品种需冷量大小的影响，需冷量大的品种开花晚，需冷量小的开花早，有的地方不同品种之间开花期相差 30 天以上；北方地区冬季低温时间长，所有品种都能顺利通过自然休眠，开花早晚主要受品种本身需热量的影响，需热量低的品种开花早，需热量高的品种开花晚，不同品种间开花期相差 1～7 天。

大部分桃品种为自花结实，但也有不少品种花粉不育，自花结实能力差，或者没有自花结实能力。如上海水蜜、白花、沙子早生等。在种植花粉不育和花粉量小的品种时应注意配置授粉品种，以提高产量。

花期结束后，没有受精的花便开始脱落，受精不良的和营养不足的果实，多数在核硬化前脱落，正常的落花、落果有 3 次。

第五节　果实的发育

受精的果实生长从花期结束开始，直至果实成熟。

果实发育初期，子房壁细胞迅速分裂，果实迅速膨大，花后 2～3 周时，细胞分裂速度逐渐缓慢，果实增长也变缓，花后 30 天左右，细胞分裂近于停止。以后果实增长，主要靠细胞体积增长、细胞间隙扩大和维管束系统的发达。

果实生长期的长短因品种而异，特早熟品种为 65 天左右，特晚熟品种为 250 天左右。

桃果实的生长发育经历幼果膨大期（第一次速长期）、硬核期（缓慢生长期）和果实迅速生长成熟期（第二次速长期）三个时期。

一、幼果膨大期

从子房膨大至核硬化前，果实的体积和重量均迅速增加，果实也迅速增长，不同成熟期品种的增长速度大致相似。从花后至本阶段结束约为 30 天。

二、硬核期

果实增长缓慢，胚生长迅速，果核逐渐硬化，一般早熟品种为

2～3 周，中熟品种为 4～5 周，晚熟品种为 6～7 周；早熟品种第二期短，果实成熟时胚还未充分成熟，干物质积累少，播种后不能发芽，需要人工培养才能萌发生长，故早熟品种种子不能直接用于播种繁殖。

三、果实迅速生长成熟期

果实增长速度加快，果肉厚度明显增加，直至采收，果实在采收前 20 天增长速度最快。

果实成熟过程中，淀粉转化为糖，黏结细胞的中糖层转为可溶性状态，果实软化，叶绿素水解，并与其他物质进行合成黄色素、红色素、各种纤维素和脂类物质。细胞中分解出乙烯等促进果实成熟。白桃的果皮由青绿色转为乳白色或黄白色，汁液增加，达到品种固有的大小、色泽、风味，并散发出芳香。黄桃也一样，只是果皮转为黄色。

油桃的果实生长与普通桃完全不同。油桃果实没有明显的缓慢生长期和迅速生长期，在整个果实发育过程中，一直处于不断生长状态。

第六节 桃树的生长发育周期

桃树的生育期包括生命周期和年生长周期两部分。

一、生命周期

桃树从种子发芽、生长、结果至衰老死亡的生命过程，称生命周期。桃树寿命较短，在北方一般 20～50 年以后树体开始衰老。在多雨和地下水位较高地区或瘠薄的山地，一般 12～15 年树势即明显衰弱，光照充足、管理水平较高的桃园 25～30 年还可维持较高产量。

目前桃树主要采用嫁接繁殖苗木，它的一生按生长与结果的转变，可分为幼树期、结果初期、盛果期、结果后期与衰老期 5 个年龄时期。

1. 幼树期

从定植到第1次开花结果，为营养生长阶段。一般为2～3年。在保护地栽培中，一般采取缩短幼树期，第1年种植，第2年结果。

树冠和根系快速离心生长，向外扩展吸收面积和光合面积，逐渐积累、同化营养物质，为首次开花结果创造条件。

栽培技术措施如下。

① 为根系的发育创造良好的土壤条件，如借助给充足的肥水及深翻改土等。

② 最大限度地增加枝叶量，扩大光合面积，积累营养，如轻剪，辅以人工促花措施。在培养树冠的前提下，缩短幼树期，提早结果。

2. 结果初期

从第1次开花结果到有一定的经济产量为生长和结果阶段。一般为3～5年。

树冠、根系的离心生长最快，迅速向外扩展，接近或达到预定的营养面积。树体基本定型，结果枝逐年增加，产量逐步上升。

栽培技术措施如下。

① 加强土肥水管理，使树冠、根系迅速扩展，以尽早达到最大的营养面积。

② 开始培养结果枝组，调整生长与结果的比例，使产量稳步上升，为盛果期奠定基础。

3. 盛果期

从有一定的经济产量到较高产量，并保持产量相对稳定的时期，为结果和生长阶段。一般7～20年。在我国北方桃区，盛果期的年限较长，而在我国南方则较短。

结果多，生长缓慢，树冠、根系达到最大范围后末端逐渐衰弱，如延长枝由发育枝逐渐转为结果枝，开始出现由外向内生长。此期的果实品质表现较好，特别是在7～10年的品质最佳，也把这一时期为品质年龄期。

栽培技术措施如下。

① 供给充足的肥水，并注意营养元素之间的平衡、稳定、保持优质高产。

② 采取综合防治措施，加强枝干病虫害的防治。

4. 结果后期

随着树龄增加，营养生长和生殖生长都减弱，产量逐年下降，一直降到几乎无经济栽培意义为止。

长势弱，延长枝生长量渐小，坐果量小。树冠末端及内膛、骨干枝背后小枝已大量死亡、光秃。向心更新强烈，内膛开始出现徒长枝。

栽培技术措施是加强土壤管理，增施肥水，适时更新复壮，合理留果，保持树势，加强病虫害防治。

二、年生长周期

桃树在每年有一个从萌芽、开花、结果到落叶休眠的年周期。周期中有休眠期和生长期两个阶段。

1. 休眠期

桃树的休眠期从落叶到萌芽止，约 5 个月（当年 10 月下旬或 11 月上旬到翌年 3 月下旬或 4 月上中旬）。植株从生长转入休眠要经过一系列生理变化。如果生理变化未完成，即使有适宜条件，也难以转入生长。这种休眠为自然休眠。桃树在解除休眠后，如果仍不具备发芽条件而继续休眠，称被迫休眠。

入秋后不久，叶芽进入自然休眠状态，至落叶前 40 天左右花芽很快进入自然休眠。进入自然休眠状态的芽，须在适宜低温下经过一定时期才解除休眠。只有解除自然休眠的芽，才能在适宜温度下正常发育、萌发、抽枝长叶，开花结果。

桃树进入自然休眠后，需要经历一定低温才能通过休眠，即解除休眠。否则发芽迟而发育不良，花芽不开放或脱落。桃树解除自然休眠所需的冷温量称需冷量。我国南部的广东、广西、云南及福建的大部分地区因冬季低温不足，多数桃品种不能正常解除自然休眠，春季萌芽开花不整齐，树体不能正常生长和开花结果。冬季低温不足是限制这些地区进行桃树生产的最根本因素。在北方地区进行桃树设施促早栽培时，须在桃芽解除自然休眠后才能揭苫升温。升温过早，会适得其反，甚至绝产。北方地区进行设施促早栽培时应尽量选择低需冷量品种，而进行延迟栽培时则应尽量选择需冷量高、成熟极晚的品种。

2. 生长期

桃树从萌芽至落叶的生长期，包含营养生长（枝叶与根系生长）、生殖生长（开花坐果、果实生长与花芽分化）和营养积累。

(1) 营养生长　根系与枝叶生长有时同步进行，有时交替生长，反映营养分配中心的转移。

① 春季根系最早开始活动，给萌芽提供必要的水分、营养及促进细胞分裂和生长的激素。新梢开始迅速伸长生长，二者基本同步。此期生长所需的营养，主要是上年树体储藏的营养。

② 新梢经过短暂缓慢生长进入迅速生长期，出现1～2次生长高峰。此期营养，主要来自当年同化的营养。根系伸长与新梢生长交替进行，大量新梢迅速生长，嫩茎幼叶合成的生长素自上而下运输到根部，地上地下同步生长。

③ 新梢在8月下旬停止伸长生长，迅速增粗生长，9～10月份根系再次生长。此期叶片光合强度虽降低，但由于没有新生器官消耗，可大量积累营养。正常落叶前，叶片营养回流，储藏于芽、枝、干和根系中，秋季保叶对养根、壮芽和充实枝条有重要作用。

(2) 生殖生长　属完全消耗性生长发育。

开花、坐果所需的营养完全来自树体储藏营养。由于营养消耗极大，使根系生长暂时缓慢。果实的生长与新梢的生长同步进行，争夺营养。

新梢停止生长后，桃树进入花芽分化期。晚熟品种的花芽分化与果实第2次迅速生长相重叠，是当年产量与翌年产量矛盾的时期，应留预备枝，同时加强肥水供应。9月份以后多数品种已采收，树体进入营养积累期，此时保叶可壮芽、壮枝，还可为翌年结果奠定基础。

第七节 对环境条件的要求

桃原产我国海拔较高、生长季日照长、光照强的西北地区，长期生长在土层深厚、地下水位低的轻质土壤中，适应空气干燥、冬季寒冷的大陆性气候，形成了桃树喜光、耐旱、耐寒的特性。

一、温度

桃树喜温耐寒，经济栽培多分布在北纬25°～45°之间。南方品种群适栽地区年平均温度为12～17℃，北方品种群为8～14℃，南方品种群更耐夏季高温。桃的生长最适温度为18～23℃，果实成熟期的适温为25℃左右。

桃在不同时期的耐寒力不一致，休眠期花芽在－18℃的情况下才受冻害，花蕾期只能忍受－6℃的低温，开花期温度低于0℃时即受冻害。桃在生长期中月平均温度达到24～25℃时产量高、品质佳。如温度过高，品质下降，我国南方炎热多雨地区出现枝条终年生长，几乎无休眠期，养分消耗多，枝条不易成熟，开花多，结果少。

二、光照

桃属喜光性很强的植物，主干早期消失，树冠开张，叶片狭长，内膛枝易枯死，在栽培中，管理不当，树冠上部枝叶过密，极易造成下部枝条枯死，造成光秃现象，结果部位迅速外移，光照不足还会造成根系发育差，花芽分化少，落花、落果多，果实品质会变劣。

桃虽喜光，但直射光过强，常引起枝干日灼，影响树势，树干过于开张，主枝内部光秃的树易受害。

在栽培上须注意控制好桃树群体结构和树体结构，合理调控枝叶密度，采用开心树形，生长季多次修剪，使桃园通风透光良好。

北方利用设施栽培生产反季节桃时，光照强度明显不足，须尽量减少自然光在进入设施过程中的损失。

三、水分

桃耐干旱，最不耐水涝，适宜于排水良好的壤土或砂壤土上生长。

雨量过多，易使枝叶徒长，花芽分化质量差，数量少，果实着色不良，风味淡，品质下降，不耐储藏。

桃虽喜干燥，但在春季生长期中，特别是在硬核初期及新梢迅速生长期遇干旱缺水，会影响枝梢与果实的生长发育，导致严重落果。

四、土壤

桃树对土壤的要求不严，以排水良好、通透性强的砂质壤土最适宜。山坡砂质土和砾质土栽培，生长结果易控制，进入结果期早，品质好。

桃树对土壤的含盐量很敏感，土壤中的含盐量在0.4%以上时即会受害，含盐量达0.28%时则会造成死亡。桃对土壤的酸碱度要求以微酸性最好，土壤pH值5～6最佳；pH值4～5、pH值6～7也能正常生长。当土壤pH值低于4或高于8时，则严重影响正常生长。在偏碱性土壤中，易发生黄化病。

第四章　育苗技术

第一节　苗圃地选择

一、苗圃地应具备的条件

1. 地形地势

地形一致，地势平坦，背风向阳。

2. 土质

土层深厚、质地疏松、排水良好的砂壤土，pH 值 6.5～7。

3. 水源

水源充足，有良好的灌溉条件，地下水位在 1 米以下。

4. 重茬

桃树重茬主要会导致桃树根系分泌物及其互斥反应、造成土壤营养成分失衡、土壤酸碱度异常、线虫和土壤病原物增多等问题。主要原因如下。

(1) 桃树的根系、种子、叶内、新梢内含有 α-扁桃苷葡萄糖苷，尤其根皮内含量高，它分解时可产生氢氰酸和苯甲醛，这两种物质可抑制桃树根尖的呼吸，使分生组织细胞坏死。

(2) 桃及同类果树的根系在土壤中吸收的营养成分基本相同，连续种植会形成某些养分的过分利用、消耗，土壤中的营养成分特别是某些微量元素的分布失去平衡，导致桃树生长不良或死亡。

所以忌重茬地、多年生菜地、林木育苗地。

5. 交通

交通运输方便。

二、苗圃地规划

苗圃地包括采穗圃和苗木繁殖圃，比例为1∶30。

第二节 主要砧木种类

目前，我国广泛采用的桃树砧木是毛桃和山桃。

一、毛桃

为我国南北方主要砧木之一。分布在西北、华北、西南等地。小乔木，嫁接亲和力强，根系发达，生长旺盛，有较强的抗旱性和耐寒力与耐湿热能力。适宜南北方的气候和土壤条件，我国桃产区各地广泛使用。

二、山桃

山桃为小乔木。树皮表面光滑，枝条细长，主根大而深，侧根少。适于干旱、冷凉气候，不适应南方高温、高湿气候。抗寒抗旱性强，耐涝性差，与栽培桃品种嫁接亲和力强，是我国东北、华北、西北地区主要的桃树砧木。

第三节 实生砧木苗的繁育

一、种子采集

种子的质量关系到实生苗的长势和合格率，是培养优良实生苗的重要环节。

种子采用毛桃或山桃。作为采种的植株，应生长强健、无病。选用充分成熟的果实，除去果肉杂质。取出的核（种子）应洗净果肉，放于通风阴凉处干燥。干后收藏在干燥冷凉处，以防发霉。

种子采集的注意事项如下。

① 注意选择果大、果形端正、果色正常的果实，这样的种子充实饱满、整齐一致，发芽率高。

② 采摘的种子切忌堆沤腐烂，以免果肉发酵产生的高温度损伤种胚，应及时翻动降温。

③ 注意防止鼠害偷食。

④ 陈年种子一般出芽率明显降低，最好不用。

二、层积处理（沙藏）

用于冬播的成熟的桃砧木种子，要求在一定低温（最适宜温度是3～5℃）、湿度和通气条件下，经过一定时间完成后熟过程之后才会发芽，即层积处理。实行秋播，种子冬季在土中可以自然完成低温休眠，无须进行层积处理。

1. 沙藏种子时间

沙藏种子时间一般在 12 月份进行。

2. 层积的方法

（1）种子的浸泡　将干燥的种子取出，放在清水中，浸泡24～36 小时，捞去漂浮的秕种子。

（2）层积处理　取干净的河沙，用量为种子容积的 5～10 倍，沙子的湿度以手握成团不滴水、松手即散开为度。将浸泡过的种子和准备好的河沙混合均匀即可。

（3）层积地点或层积坑、沟　选择地势较高的背阴、通风处，坑的深度以放入种子后和当地的冻土层平齐为宜。层积种子的厚度不超过 30 厘米。

种子量小时，可用透气的容器（木箱或花盆）装盛。注意容器先用水浸透，将混匀的材料装入，上面覆 1～2 厘米的湿沙，放入挖好的层积坑内。

种子量大时，可挖长方形的层积沟进行处理。沟宽 50～60 厘米，长度不限。沟深按当地冻土层的厚度加上层积种子的厚度（30 厘米左右）计算。

3. 沙藏时间

沙藏时间100～120天，温度2～7℃。

三、播种

1. 种子活力测定

播种前为了确定单位面积的播种量，应准确了解种子萌芽力，这就需要对种子进行生命力测定。种子活力以发芽率表示，发芽率应达到95%。

将纯净种子分为四组，每组50粒，分别放在垫有湿吸水纸的玻璃皿中，置于20℃左右温度下，保持吸水纸水分充足，自发芽开始，逐日记载发芽粒数，记录至某日发芽数不足供试种子数的1%时停止，计算种子发芽率以四组平均数为该批种子的发芽率。

2. 整地作畦

翻土25～30厘米，细耙，达到疏松、细碎、平整、无石块和杂草，做宽1米、长20～30米的畦，南北向，东西排列，每亩[1]施腐熟有机肥4000～5000千克，混施过磷酸钙20～25千克，灌水沉实。

3. 播种量

单位面积内计划生产一定数量的高质量苗木所需要的种子数量为播种量。播种量一般毛桃40～50千克/亩，山桃20～30千克/亩。

4. 播种期

(1) 秋播 秋播省去了沙藏，种子在田间休眠。适于土壤墒情良好、冬季雨雪多的地区，这样种子在地里经过冬季自然通过了后熟时期，次春可及早萌发出苗。河北南部10月下旬至11月上中旬土壤冻结前播种最好。要求冬季必须温暖潮湿，北部比南部应提早半个月最好。

但若当地冬季比较干旱、土壤墒情没保证或冬季风沙大，不宜秋冬播种，在这些地区进行秋播，次春出苗率很低或完全不出苗。

---

[1] 1亩＝666.7平方米。

(2) 春播　冬季严寒、干旱、风沙大、鸟鼠害严重的地区，宜行春播。春播的种子必须经过沙藏，虽然沙藏费工，但出苗相当整齐。最好还是提倡春播，春播的时期一般在土壤开冻后。在我国中部地区一般 3 月上旬即行播种，华北地区春播一般在 3 月上中旬即可。

5. 播种方式

灌水后土壤不黏即可播种；条播，每畦 2 行，行距 50 厘米，株距 15 厘米，种子横卧于土中。播深 4～5 厘米，播后覆膜。

6. 田间管理

中耕除草，浇水保墒，防治病虫害。当幼苗长出 3～4 片真叶时，及时间苗。

第四节　嫁接苗的繁殖

嫁接苗是将桃优良品种的枝或芽嫁接到砧木上长成的新植株。嫁接苗除保持品种固有的优良特性外，还可以提早结果，增强对干旱、水涝、盐碱、病虫等不良环境的抗性。

一、接穗采集、保存

1. 采穗

接穗应从品种纯正、没有检疫对象、树体健壮、无病虫害、处于盛果期的大树上选取。选树冠外围、生长正常、芽体饱满的新梢作接穗。

芽接用的接穗取自当年生新梢，枝接用的接穗也最好采自发育充实的 1 年生枝，不要选取其内膛枝、下垂枝及徒长枝作接穗。

夏季芽接时，采接穗后立即剪除叶片，以防止水分蒸发，只保留 0.3～0.4 厘米的叶柄，同时接穗采好后注意保湿。

2. 规格

长 15 厘米以上，粗 0.5～0.8 厘米，保证其上有 10 个左右饱满芽。

3. 保存

接穗最好就近采集，随采随接。外运的接穗，及时去掉叶片的同时可用潮湿的棉布或塑料布包裹，防止失水，挂好品种标签，标明品种、数量、采集时间和地点，运到目的地后，即开包浸水，放置于阴凉处，最好开空调调节温度或培以湿沙。

冬季可结合桃树修剪时收集接穗，保存接穗时要注意保湿和防止发生冻害。

二、嫁接时间

培育芽苗和2年生苗，在8月份嫁接，嫁接部位离地面10厘米。培育一年生苗在6月中下旬嫁接，离地面15～20厘米。在嫁接前5天左右，浇1次水。

三、嫁接方法

1. “T”形芽接（图4-1）

生长季中凡是砧木和接穗能离皮的时期均可嫁接，8月中下旬最宜；先在接穗上选择饱满芽，根据砧木粗度削取盾形芽片，芽片长度在2～2.5厘米，芽上占2/5，芽下占3/5；在砧木距地面5厘

图4-1 “T”形芽接

1—削取芽片；2—取下的芽片；3—插入芽片；4—绑缚

米处的光滑部位，横竖各划一刀成“T”形，深达木质部，横刀口平，长1厘米，竖口直，长度与芽片长度相等，将砧皮剥开，插入芽片，使芽片横切口与砧木横切口对齐靠紧，用塑料条自下而上将接口捆严，只露叶柄和芽体。

2. 带木质部芽接（图4-2）

在砧木不离皮时采用。削取接穗时先从芽的上方1厘米处向芽的下方斜削一刀，深入木质部，长2厘米；再在芽的下方0.5厘米处向下斜切一刀，深达第一刀处，长为0.6厘米，取下芽片；砧木切口方法与削取接穗取芽方法相同，略长，将芽片镶入，绑紧。春接的，要在接芽上方2厘米处剪砧；秋接的在来年春季发芽前剪砧。

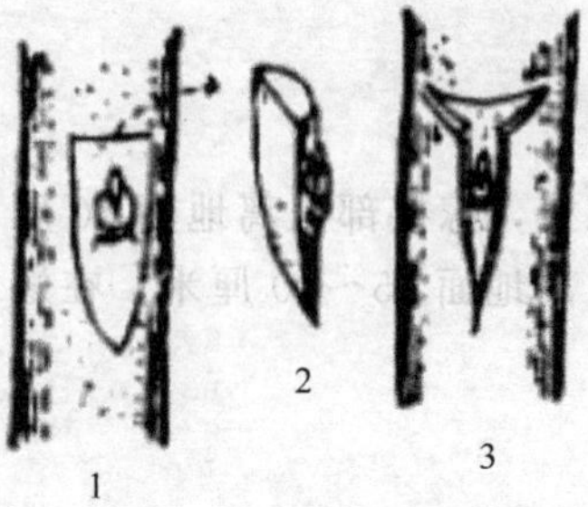

图4-2　带木质部芽接

1—削接穗；2—带木质芽片

3—插入

3. 嫁接技术要求

砧木和接穗要符合品种及质量标准；嫁接部分光滑平整；枝接接穗削面要平，削接穗时要平稳，嫁接要迅速；枝接形成层要对准，接穗插入后，上部刀口形成层要略高出砧木接面1～2毫米（露白）；包扎物用弹性较好的塑料布截成条，用劲包紧、包严，使接口保湿。

四、嫁接苗的管理

1. 检查成活、松绑

芽接1周后，接芽饱满、湿润、有光泽、手触叶柄自行脱落说明已经接活；叶柄、芽子均变黑、干缩、手触叶柄不掉，即没接活，要及时补接。

2. 剪砧、除萌

秋季芽接的，在翌年春树液流动后，接芽萌发前（3月下旬至4月上旬），在接芽上方0.5厘米处一次剪砧，剪口要从接芽对侧由下向上稍倾斜。

3. 肥水管理

早春剪砧后，追施尿素15～20千克/亩，及时浇水、保墒。适时中耕除草，保持土壤疏松、湿润、无杂草。

4. 病虫害防治

及时防治蚜虫、螨类、潜叶蛾、金龟子、白粉病等苗木病虫害。

五、出圃

1. 方法

在苗木落叶至土壤封冻前或翌春土壤解冻后至萌芽前出圃。挖苗时据苗木20厘米以上挖掘，使根系完整。挖苗后，应在当日或次日进行假植，防止苗木失水。

2. 苗木出圃指标

一、二级苗为出圃合格苗，等外苗均不得出圃定植，要连续培育1年；出一级苗比率应达80%，见表4-1。

表4-1 桃苗木出圃指标

等级	苗龄	茎	根系	芽
一级	2年(秋接次年出圃)	苗高120厘米以上,距接口10厘米处直径在1～2厘米	有4条以上长于20厘米的分布均匀且无破损、劈裂的侧根,并有较多长20厘米以上的小侧根和须根	在整形带内有8个以上饱满芽,如整形带内发生副梢,副梢基部要有健壮的芽
二级	2年(秋接次年出圃)	苗高100厘米以上,距接口10厘米处直径在0.8厘米以上	分布均匀,具有4条以上长度在15厘米以上的侧根	在整形带内有5个以上饱满芽

六、苗木假植、包装、运输

① 外运苗木应用草袋、蒲包及其材料包装，每25株1捆。

② 每捆附以标签，标明品种、起苗时间、苗龄、等级、批号、检验证号。

③ 运输途中，必须采取保湿降温措施，严防风吹日晒。

④ 苗木运到目的地应立即进行定植或假植。

⑤ 起苗后，苗木不能立即外运和定植时，要进行假植；假植沟挖在防寒、排水良好的地方，沟深 60～100 厘米，苗木分品种存放沟内，用湿沙或疏松潮湿的土壤将根系盖严，培土至 2/3 处。

第五章 建园技术

第一节 园地的选择

一、气候条件

桃的经济栽培区在北纬 25°～45°。南方品种群要求年平均气温 12～17℃，北方品种群要求 8～14℃，桃一般品种可耐－25～－22℃的低温；桃栽培区冬季低温量（0～7.2℃时数）要能满足桃的需冷量，桃品种需冷量蜜桃为 900～1150 小时，硬肉桃 850～1000 小时，水蜜桃 800～900 小时，蟠桃 700～800 小时。

桃正常生长发育和结果要求年日照时数 1200～1800 小时；一般要求年降水量 800 毫米以下为宜，降水量大、地下水位高的地区必须起垄栽植。

二、地势

桃园适宜选在不易积水、地势平坦、土层较厚的平原地区，也适宜在坡度为 5°～15°的低山缓坡地的南坡或西坡建园，在这些地方，阳光充足，气温回升快，土壤温、湿度变化较大，物候期早，可明显提高果品的质量。谷地日照时数较少，易集聚冷空气并且风大，因桃树抗风力弱，应避免在谷地或大风地区建园。

三、土壤

桃在各种质地结构的土壤上均能生长，土壤通透性好是关键。土质轻松、排水通畅的砂质壤土最为理想。桃树耐旱忌涝，根系好氧，在南方地下水位高、降雨量大的地区，要设计开挖渗水渠道，降低地下水位，及时排除土壤中多余的水分，防止涝害和土壤长期过湿，同时采用高垅栽培，尽量使根际土壤保持较好的通透性。对黏重土壤要进行改良，通过增施有机肥或压绿肥等措施改良土壤结构，提高土壤的通气性。

桃园一般要求选择在 pH 值 4.5～7.5 的砂壤土或壤土且不积水的地块为宜；pH 值低于 4 或大于 8，影响树体生长发育。

四、不重茬

桃树怕重茬。在重茬地上生长发育不良或死亡，尽量不要选择在重茬桃、苹果、梨园地重新建园。

第二节　园地的规划

包括小区设置、道路设置、排灌设施、防护林、辅助设施等。

一、小区设置

1. 小区的划分

为便于作业管理，面积较大的桃园可划分成若干个小区。小区是组成果园的基本单位，它的划分应遵循以下原则。

① 在同一个小区内，土壤、气候、光照条件基本一致。

② 便于防止果园土壤侵蚀。

③ 便于果园防止风害。

④ 有利于机械化作业和运输。

2. 小区的面积

平地果园可大些，以 30～50 亩为宜，低洼盐碱地以 20～30 亩为宜（排碱沟），丘陵地区以 10～20 亩为宜，山地果园为保持小区内土壤气候条件一致，以 5～10 亩为宜。整个小区的面积占全园的 85%左右。

3. 小区的形状

小区的形状以长方形为好，便于机械化作业。平原小区长边最好与主害风的方向垂直，丘陵或山地小区的长边应与等高线平行，这样的优点很多，如便于灌溉、运输、防水土流失、气候一致。小区的长边不宜过长，以70～90米为好。

二、道路设置

桃园道路规划应根据实际情况安排。面积较大的桃园可根据作业小区设计主路、副路、支路三级路面。主路位置要适中，贯穿全园，是全园果品、物资运输的主要道路，宽6～8米，与园外相通，可容大型货车通过以方便运输；副路是作业区的分界线，与主路垂直相通，宽3～4米，可通过拖拉机和小型汽车；支路为小区内或环园的作业道，主要供人作业通过，宽1～2米即可。

三、排灌设施

（一）灌水系统的规划

果园的灌水系统包括蓄水、输水和灌水网三个方面。

果园建立灌溉系统，要根据地形、水源、土质、蓄水、输水和园内灌溉网进行规划设计，灌溉系统包括水源（蓄水和引水）、输水和配水系统、灌溉渠道。

1. 蓄水引水

平原地区的果园需利用地下水作为灌溉水源时，在地下水位高的地方可筑坑井，地下水位低的地方可设管井。果园附近有水源的地方，可选址修建小型水库或堰塘，以便蓄水灌溉，如有河流时可规划引水灌溉。

2. 输水系统

果园的输水和配水系统包括平渠和支渠。主要作用是将水从引水渠送到灌溉渠口。设计上必须做到以下几点。

① 位置要高，便于大面积灌水。干渠的位置要高于支渠和灌溉渠。

② 要照顾小区的形状，并与道路系统相结合。根据果园划分

小区的布局和方向，结合道路规划，以渠与路平行为好。输水渠道距离尽量要短，以节省材料，并能减少水分的流失。输水渠道最好用混凝土或用石块砌成，在平原沙地，也可在渠道土内衬塑料薄膜，以防止渗漏。

③ 输水渠内的流速要适度，一般干渠的适宜比降在0.1%左右，支渠的比降在0.2%左右。

3. 灌水渠道

灌溉渠道紧接输水渠，将水分配到果园各小区的输水沟中。输水沟可以是明渠，也可以是暗渠。无论平地、山地，灌水渠道与小区的长边一致，输水渠道与短边一致。

山地果园设计灌溉渠道时与平原地果园不同，要结合水土保持系统沿等高线，按照一定的比降构成明沟。明沟在等高撩壕或梯田果园中，可以排灌兼用。

有条件的果园可以将灌溉渠道设计成喷灌或滴灌。

（二）排水渠道的规划

排水系统的作用是防止发生涝灾，促进土壤中养分的分解和根系的吸收等。排水技术有平地排水、山地排水、暗沟排水三种。

1. 平地排水

平地果园排水系统由排水沟、排水支沟和排水干沟3部分组成。一般可每隔2～4行树挖一条排水沟，沟深50～100厘米，再挖比较宽、深的排水支沟和干沟，以利果园雨季及时排水。

2. 山地排水

山地果园，要在果园最上方外围，设一道等高环山截水壕，使山洪直接入壕泄走，防止冲毁果园梯田、撩壕。每行梯田的内侧挖一道排水浅沟。全沟比降1/3000，并在截水壕和浅沟内都作有相当沟深一半的小埂（竹节埂），小雨能蓄，大雨可缓冲泄水流势。

3. 暗沟排水

排水在解涝地的地面以下，用石砌或用水泥管构筑暗沟，以利排除地下水，保护果树免受涝害。

四、防护林

1. 防护林的作用

① 降低风速，减少风害。

② 减轻霜害、冻害，提高坐果率。在易发生果树冻害的地区，设置防护林可明显减轻寒风对果树的威胁，降低旱害和冻害，减少落花落果，有利果树授粉。

③ 调节温度，增加湿度。据调查，林带保护范围比旷野平均提高气温 0.3～0.6℃。湿度提高 2%～5%。

④ 减少地表径流，防止水土流失。

2. 防护林带的结构

防护林带可分疏透型林带和紧密型林带两种类型。

(1) 疏透型林带 由乔木组成，或两侧栽少量灌木，使乔灌之间有一定空隙，允许部分气流从中下部通过。大风经过疏透型林带后，风速降低，防风范围较宽，是果园常用类型。

(2) 紧密型林带 由乔灌木混合组成，中部为 4～8 行乔木，两侧或在乔木下部，配栽 2～4 行灌木。林带长成后，上下左右枝叶密集，防护效果明显，但防护范围较窄。

3. 防护林树种的选择

防护林树种的选择，应满足以下条件。

① 生长迅速，树体高大，枝叶繁茂，防风效果好。灌木要求枝多叶密。

② 适应性强，抗逆性强。

③ 与果树无共同病虫害，不是果树病害的寄主，根蘖少，不串根。

④ 具有一定的经济价值。

平原地区可选用构橘、臭椿、苦楝、白蜡条、紫穗槐等，山地可选用紫穗槐、花椒、皂角等。

果园周围应避免用刺槐、泡桐等作防护林，因为它们是一些果树病害的潜隐寄主或传播体，如刺槐分泌出的鞣酸类物质对多种果树的生长有较大的抑制作用。

4. 防护林营造

（1）林带间距、宽度　林带间的距离与林带长度、高度和宽度及当地最大风速有关。风速越大，林带间距离越短。防护林越长，防护的范围越大。一般果园防护林带背风面的有效防风距离约为林带树高的25～30倍，向风面为10～20倍。主林带之间的距离一般为300～400米，副林带之间的距离为500～800米，主林带宽一般10～20米，副林带宽一般6～10米。风大或气温较低的地区，林带宽一些、间距小一些。

（2）林带配置和营造　山地果园主林带应规划在山顶、山脊以及山亚风口处，与主要为害风的方向垂直。副林带与主林带垂直构成网络状。副林带常设置于道路或排灌渠两旁。地堰地边、沟渠两侧也要栽上紫穗槐、花椒、酸枣、荆条、皂角等，以防止水土流失。

平地果园的主林带也要与主要为害风的风向垂直，副林带与主林带相垂直，主副林带构成林网。平地果园的主、副林带基本上与道路和水渠并列相伴设置。平地防护林系统由主、副林带构成的林网，一般为长方形，主林带为长边，副林带为短边。在防护林带靠果树一侧，应开挖至少深100厘米的沟，以防其根系串入果园影响果树生长。这条防护沟也可与排、灌沟渠的规划结合。

五、辅助设施

包括管理用房、车库、药库、农具库、包装场、果库及养殖场（设在下风口），应设在交通方便的地方，占整个园区面积的3%。为了建立高效益现代化的中大型果园（100亩以上），还应作出养殖场的规划，实行果、牧有机结合的配套经营。

第三节　桃的栽植

一、授粉树的配置

桃树大部分品种自花结实，但也有些品种自花不育甚至没有花

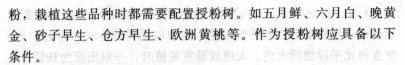

粉，栽植这些品种时都需要配置授粉树。如五月鲜、六月白、晚黄金、砂子早生、仓方早生、欧洲黄桃等。作为授粉树应具备以下条件。

① 与主栽品种授粉亲和力强。

② 与主栽品种花期一致，花粉量大、花期长，容易成花。

③ 与主栽品种能相互授粉，果实的经济价值较高。

④ 对当地的环境条件有较强的适应能力，树体寿命长。

如大久保、雨花露、京玉等都是较好的授粉品种，授粉品种配置的比例可以1∶2或1∶1。

二、栽植的密度和方式

1. 确定栽植密度的依据

(1) 品种树势 品种、砧木不同，树体的高、矮、大小差异很大，因此果树的生长特性决定了栽植密度。树势强旺的品种应适当降低密度，树势中庸或偏弱的品种可适当提高密度。

(2) 土壤肥力和地势 土层薄、肥力差，果树生长弱，密度可大些，土层厚，肥力高的土壤，果树生长势强，密度可小些。山地、丘陵地光照充足，紫外线多，树体受紫外线影响大，生长矮小，密度可大些。

(3) 气候条件 气温高、雨量充足，果树生长旺盛，密度要小，干旱低温、大风的地区，密度可大些。如河北邯郸平原地区株行距可大些，山区则小。

(4) 栽培管理技术、管理水平和劳动力情况 栽培管理技术水平也制约栽培密度，技术高，密度大些，反之小些。

2. 栽植密度

一般情况下，长势强的品种或乔砧品种，土层肥沃，管理水平较高时，株行距宜大，栽植密度宜低。反之，生长势弱或矮化砧嫁接的品种，土地瘠薄，管理水平较低时，株行距宜小，栽植密度要适当高一些。

一般密植栽培的行株距为(5～6)米×2.5米，普通栽培为5

米×4米。行间生草，行内覆盖，或行间或全园进行覆草。通常山地桃园土壤较瘠薄，紫外线较强，能抑制桃树的生长，树冠较小，密度可比平原桃园大些。大棚或温室栽植时，一般密度为株距1～2米，行距为2～2.5米。

3. 桃苗栽植的时间

主要有春栽和秋栽。

(1) 春季栽植　春季栽植在土壤解冻后至苗木发芽前尽早进行，我国中部地区在2月下旬至3月上旬栽植。干旱、寒冷且无灌溉条件的北方地区，秋栽有抽条现象，多采用春栽。

春季栽植的苗木，由于需要时间愈合伤口，然后才能分生新根，小苗发芽时间较晚；但避免了冬季的各种冻害，苗木成活率较高。

(2) 秋季栽植　秋季栽植宜在苗木落叶前后进行，未落叶的需人工摘叶后定植，我国中部地区在10月下旬至11月上旬栽植。由于秋栽比春栽萌芽早，生长快，我国南方、中部地区以及冬季不太寒冷且有灌溉条件的北方地区可采用秋栽。

秋季定植的苗木有利于伤根的愈合，小苗发芽较早；但要注意埋土防寒，并及时浇水，防止冻害，冬天保护不当容易发生失水抽干，降低成活率。

4. 栽植前的准备

(1) 定点挖坑　定植坑挖大一些，坑的长、宽、深可各挖60～70厘米，把表土和心土分开，表土混入有机肥，填入坑中，然后取表土填平，浇水沉实。

(2) 肥料准备　腐熟好的有机肥每株2.5～5千克，尽量少用或不用化肥，以免产生肥害。

5. 栽植方法

将苗木放进挖好的栽植坑前，先将混好肥料的表土，填一半进坑内，堆成丘状，将苗木放入坑内，使根系均匀舒展地分布于表土与肥料混堆的丘上，校正栽植的位置，使株行之间尽可能整齐对正，并使苗木主干保持垂直。然后将另一半混肥的表土分层填入坑中，每填一层都要压实，并不时将苗木轻轻上下提动，使根系与土壤密接，最后将心土填入坑内上层。在进行深耕并施用有机肥改土的果园，最后培土应高于原地面5～10厘米，且根颈应高于培土面5厘米，以保证松土踏实下陷后，根颈仍高于地面。最后在苗木树盘四周筑一环形土埂，并立即灌水。

干旱地区要覆膜或盖草，中耕以提高成活率。

三、栽后管理

① 浇透水。歪苗扶正。

② 定干。根据整形要求，定干高度40～50厘米。

③ 套塑料袋，保成活，防虫害。尤其对金龟子发生严重的地区，对半成苗要套袋，保护接芽正常萌发成新梢。当新梢长到30厘米左右时立支棍保护。

④ 成活率调查。发现有死亡株，应及时补栽。

⑤ 防治病虫害；及时除萌；减少养分损失；抹除同一节位上过多的芽。

⑥ 追肥灌水。成活展叶后，干旱时要浇水。6月下旬～7月上旬要追氮肥。8～9月份控制生长（控制浇水、摘心），提高越冬性。

⑦ 幼树防寒。埋土防寒或采取夹风障，在主干捆草把等防寒措施。

第六章　桃树的营养与土肥水管理技术

桃树在每年的生长发育和大量结果过程中，根系必须不断地从土壤中吸收各种养分和水分，充分供应果树正常生长和结果的需要。土壤环境条件的好坏，特别是水、肥、气、热的协调情况，直接影响根系的生长和吸收，影响果树的生长和结果状况，要达到树体健壮、丰产稳产、果实优质的目的，必须加强土肥水管理。

第一节　桃树的营养元素

近年来，随着果品价格的提高，果农收入大幅度增加，为了进一步提高果实的产量和品质，肥料投入越来越大，但效果却不理想，甚至出现各种问题，如产量上不去、黄叶、干枝、果面粗糙、死树等问题，如何让果农掌握科学施肥方法和技术，提高肥料的利用效果，减少肥料投入和浪费，下面就从果树的需求营养特点讲起。

一、桃树正常生长需要的营养元素

在果树的整个生长期内所必需的营养元素共有16种，分别为碳（C）、氢（H）、氧（O）、氮（N）、磷（P）、钾（K）、钙（Ca）、镁（Mg）、硫（S）、铁（Fe）、锰（Mn）、锌（Zn）、铜（Cu）、钼（Mo）、硼（B）、氯（Cl）。这16种必需的营养元素根据果树吸收和利用的多少，又可分为大量营养元素、中量营养元素、微量营养元素。

1. 大量营养元素

它们在植物体内含量为植物干重的百分之几以上，包括碳(C)、氢(H)、氧(O)、氮(N)、磷(P)、钾(K)共6种。

2. 中量营养元素

有钙(Ca)、镁(Mg)、硫(S)共3种，它们在植物体内含量为植物干重的千分之几。

3. 微量营养元素

有铁(Fe)、锰(Mn)、锌(Zn)、铜(Cu)、钼(Mo)、硼(B)、氯(Cl)共7种。它们在植物体内含量很少，一般只占干重的万分之几到千分之几。

经过多年的科学研究证明，上述16种营养元素是所有果树在正常生长和结果过程中所必需的。每种营养元素都有独特的作用，尽管果树对不同的营养元素吸收量有多有少，但缺一不可，不可相互替代，同时各种元素之间互相联系，相互制约，缺少任何一种营养成分会造成其他营养的吸收困难，造成果树缺素和肥料浪费。

二、各种营养元素对果树的生理作用

1. 大量元素对果树的生理作用

(1) 氢(H)元素和氧(O)元素　这两种元素必须合在一起对果树起到营养作用，就是水，水是果树最重要的营养肥料，吸收和利用最多。

① 光合作用的原料。

② 果实和树体最重要的组成成分。

③ 蒸腾降温。

④ 运送营养的载体。

⑤ 参与各种代谢活动。

(2) 碳(C)元素　是光合作用的原料，和水结合在太阳光能的作用下，在果树叶片内形成葡萄糖，然后转化为各种营养成分，如蛋白质、维生素、纤维素等。

(3) 氮(N)元素　氮是果树的主要营养元素，含量百分之几或更高，同时也是原始土壤中不存在，但影响果树生长和形成产量的最重要的要素之一。

① 氮是植物体内蛋白质、核酸以及叶绿素的重要组成部分，也是植物体内多种酶的组成部分。同时植物体内的一些维生素和生物碱中都含有氮。

② 氮素在植物体内的分布，一般集中于生命活动最活跃的部分（新叶、新枝、花、果实），能促进枝叶浓绿，生长旺盛。氮素供应充分与否和植物氮素营养的好坏，在很大程度上影响着植物的生长发育状况。果树发育的早期阶段，氮素需要多，是氮营养特别重要的阶段，在这些阶段保证正常的氮营养，能促进生育，增加产量。

③ 果树具有吸收同化无机氮化物的能力。除存在于土壤中的少量可溶性含氮有机物，如尿素、氨基酸、酰胺等外，果树从土壤中吸收的氮素主要是铵盐和硝酸盐，即铵态氮和硝态氮。

④ 果树对氮素的吸收，在很大程度上依赖于光合作用的强度，施氮肥的效果往往在晴天较好，因为吸收快。

⑤ 氮素缺乏时植株生长停顿，老叶片黄化脱落。但施用过量，容易徒长，妨碍花芽形成和开花。

（4）磷（P）元素对果树的生理作用

① 磷在果树中的含量仅次于氮和钾。磷对果树营养有重要的作用。

② 磷在果树内参与光合作用、呼吸作用、能量储存和传递、细胞分裂、细胞增大等过程。

③ 磷能促进早期根系的形成和生长，提高果树适应外界环境条件的能力，有助于果树耐过冬天的严寒。

④ 磷能提高果实的品质。

⑤ 磷有助于增强果树的抗病性。

⑥ 磷有促熟作用，对果实品质很重要。

（5）钾（K）元素对作物的生理作用　钾是果树的主要营养元素，也是土壤中常因供应不足而影响果实产量的三要素之一。

钾对果树的生长发育也有重要作用，但它不像氮、磷一样直接参与构成生物大分子。它的主要作用是在适量的钾存在时，植物的酶才能充分发挥作用。

① 钾能够促进光合作用。有资料表明含钾高的叶片比含钾低的叶片多转化光 50%～70%。在光照不好的条件下，钾肥的效果更显著。钾还能够促进碳水化合物的代谢、促进氮素的代谢，使果树有效利用水分和提高果树的抗性。

② 钾能促进纤维素和木质素的合成，使树体粗壮。

③ 钾充足时，果树抗病能力增强。

④ 钾能提高果树对干旱、低温、盐害等不良环境的耐受力。

土壤缺乏钾的症状是，首先从老叶的尖端和边缘开始发黄，并渐次枯萎，叶面出现小斑点，进而干枯或呈焦枯焦状，最后叶脉之间的叶肉也干枯，并在叶面出现褐色斑点和斑块。

2. 中量元素对果树的生理作用

(1) 钙 (Ga) 元素

① 是构成植物细胞壁和细胞质膜的重要组成成分。参与蛋白质的合成，还是某些酶的活化剂。能防止细胞液外渗。

② 提高耐储藏能力。

③ 抑制真菌侵袭，降低病害感染。

④ 钙能降低土壤中某些离子的毒害。

果树缺钙时，树体矮小，根系发育不良，茎和叶及根尖的分生组织受损。严重缺钙时，幼叶卷曲，新叶抽出困难，叶尖之间发生粘连现象，叶尖和叶缘发黄或焦枯坏死，根尖细胞腐烂死亡。

(2) 镁 (Mg) 元素　镁是叶绿素的重要组成部分，是各种酶的基本要素，参与果树的新陈代谢过程。镁供应不足，叶绿素难以生成，叶片就会失去绿色而变黄，光合作用就不会进行，果实产量会减少。

果树缺镁时的症状首先表现在老叶上。开始时叶的尖端和叶缘的脉尖色泽变淡，由淡绿变黄再变紫，随后向叶基部和中央扩展，但叶脉仍保持绿色，在叶片上形成清晰的网状脉纹；严重时叶片枯萎、脱落。

（3）硫（S）元素　硫是蛋白质的组成成分。缺硫时蛋白质形成受阻；在一些酶中也含有硫，如脂肪酶、脲酶都是含硫的酶；硫参与果树体内的氧化还原过程；硫对叶绿素的形成有一定的影响。

果树缺硫时的症状与缺氮时的症状相似，变黄比较明显。一般症状是树体矮小，叶细小，叶片向上卷曲，变硬易碎，提早脱落，开花迟，结果、结荚少。

3. 微量元素

（1）铁（Fe）元素

① 铁是形成叶绿素所必需的，缺铁时产生缺绿症，叶片呈淡黄色，甚至为白色。

② 铁参加细胞的呼吸作用，在细胞呼吸过程中，它是一些酶的成分。

铁在果树树体中流动性很小，老叶中的铁不能向新生组织中转移，不能被再度利用。因此缺铁时，下部叶片常能保持绿色，而嫩叶上呈现失绿症。

（2）锰（Mn）元素

① 锰是多种酶的成分和活化剂，能促进碳水化合物的代谢和氮的代谢，与果树生长发育和产量有密切关系。

② 锰与绿色植物的光合作用、呼吸作用以及硝酸还原作用都有密切的关系。缺锰时，植物光合作用明显受抑制。

③ 锰能加速萌发和成熟，增加磷和钙的有效性。

缺锰症状首先出现在幼叶上，表现为叶脉间黄化，有时出现一系列的黑褐色斑点。

（3）锌（Zn）元素

① 锌提高植物光合速率。

② 锌可以促进氮的代谢，是影响蛋白质合成最为突出的微量元素。

③ 锌能提高果树抗病能力。

缺锌症状是，叶片失绿外，在枝条尖端常出现小叶和簇生现象，称为“小叶病”。严重时枝条死亡，产量下降。

(4) 铜 (Cu) 元素

① 铜是作物体内多种氧化酶的组成成分，在氧化还原反应中铜有重要作用。

② 参与植物的呼吸作用，影响果树对铁的利用，在叶绿体中含有较多的铜，铜与叶绿素形成有关。铜还具有提高叶绿素稳定性的能力，避免叶绿素过早遭受破坏，有利于叶片更好地进行光合作用。

③ 增强果树的光合作用。

④ 有利于果树的生长和发育。

⑤ 增强抗病能力（波尔多液）。

⑥ 提高果树的抗旱和抗寒能力。

缺铜时，叶绿素减少，叶片出现失绿现象，幼叶的叶尖因缺绿而黄化并干枯，最后叶片脱落。缺铜也会使繁殖器官的发育受到破坏。

(5) 钼 (Mo) 元素

① 促进生物固氮。

② 促进氮素代谢。

③ 增强光合作用。

④ 有利于糖类的形成与转化。

⑤ 增强抗旱、抗寒、抗病能力。

⑥ 促进根系发育。

缺钼症状是，果树矮小，生长受抑制，叶片失绿，枯萎以致坏死。

(6) 硼 (B) 元素

① 促进花粉萌发和花粉管生长，提高坐果率和果实正常发育。

② 硼能促进碳水化合物的正常运转和蛋白质代谢。

③ 增强果树抗逆性。

④ 有利于根系生长发育。

缺硼症状是，在植物体内含硼量最高的部位是花，缺硼常表现结果率低、果实畸形，果肉有木栓化或干枯现象。

(7) 氯（Cl）元素

① 适当的氯能促进 K^+ 和 NH_4^+ 的吸收。

② 参与光合作用中水的光解反应，起辅助作用，使光合磷酸化增强。

③ 对果树生长有促进作用。

第二节　桃园土壤管理技术

一、不同类型土壤的特点

1. 土壤质地分类

土壤是由不同粒径的土粒组成。土粒分为砂粒、粉粒、黏粒，见表 6-1。

表 6-1　中国制土粒分级标准

粒级名称		粒径/毫米
石砾		1～3
砂粒	粗砂粒	0.25～1.00
	细砂粒	0.05～0.25
粉粒	粗粉粒	0.01～0.05
	中粉粒	0.005～0.010
	细粉粒	0.002～0.005
黏粒	粗黏粒	0.001～0.002
	细黏粒	<0.001

注：来源于熊毅，李庆逵，《中国土壤》，1987。

土壤分为砂质土、壤质土、黏质土，见表 6-2。

2. 不同质地土壤的肥力特点

(1) 砂质土

① 砂质土含砂粒多，黏粒少，粒间多为大孔隙，但缺乏毛管孔隙，所以透水排水快，但土壤持水量小，蓄水抗旱能力差。

表 6-2　中国土壤质地分类　　单位：%

质地	质地名称	颗粒组成		
		砂粒(粒径 0.05～1 毫米)	粗粉粒(粒径 0.01～0.05 毫米)	细黏粒(粒径 ＜0.001 毫米)
砂质土	极重砂土	＞80		＜30
	重砂土	70～80		
	中砂土	60～70		
	轻砂土	50～60		
壤质土	砂粉土	≥20	≥40	＜30
	粉土	＜20		
	砂壤土	≥20	＜40	
	壤土	＜20		
黏质土	轻黏土			30～35
	中黏土			35～40
	重黏土			40～60
	极重黏土			＞60

② 砂质土中主要矿物为石英，养分贫乏，又因缺少黏土矿物，保肥能力弱，养分易流失。

③ 砂质土通气性良好，好氧微生物活动强烈，有机质分解快，因而有机质的积累难而含量较低。

④ 砂质土水少气多，土温变幅大，昼夜温差大，早春土温上升快，称热性土。砂质土夏天最高温可达 60℃以上，过高的土表温度不仅直接灼伤植物，也造成干热的近地层小气候，加剧土壤和植物的失水。

⑤ 砂质土疏松，易耕作，但耕作质量差。

⑥ 对砂质土施肥时应多施未腐熟的有机肥，化肥施用则宜少量多次。在水分管理上，要注意保证水源供应，及时进行小定额灌溉，防止漏水漏肥，并采用土表覆盖以减少水分蒸发。

（2）黏质土

① 黏质土含砂粒少，黏粒多，毛管孔隙发达，大孔隙少，土壤透水通气性差，排水不良，不耐涝。虽然土壤持水量大，但水分

损失快，耐旱能力差。

② 通气性差，有机质分解缓慢，腐殖质累积较多。

③ 黏质土含矿质养分较丰富，土壤保肥能力强，养分不易淋失，肥效来得慢，平稳而持久。

④ 黏质土土温变幅小，早春土温上升缓慢，有冷性土之称。

⑤ 黏质土往往黏结成大土块，犁耕时阻力大，土壤胀缩性强，干时田面开大裂、深裂，易扯伤根系。

⑥ 施肥时应施用腐熟的有机肥，化肥1次用量可比砂质土多。在雨水多的季节要注意沟道通畅以排除积水，夏季伏旱注意及时灌溉。

（3）壤质土

① 壤质土所含砂粒、黏粒比例较适宜，它既有砂质土的良好通透性和耕性的优点，又有黏土对水分、养分的保蓄性，肥效稳而长等优点。

② 壤土类土壤对农业生产来说一般较为理想。不过，以粗粉粒占优势（60%～80%以上）而又缺乏有机质的壤质土的汀板性强，不利于树苗扎根和发育。

二、优质丰产桃园对土壤的要求

土壤是桃树的重要生态环境条件之一，土壤的理化性状和管理水平，与果树的生长发育和结果密切相关。

1. 桃园土壤管理的目的

① 扩大根域土壤范围和深度，为果树生长创造良好的土壤生态环境。

② 供给并调控果树从土壤中吸收水分和各种营养物质。

③ 增加土壤有机质和养分，增强地力。

④ 疏松土壤，使土壤透气性良好，以利于根系生长。

⑤ 搞好水土保持，为桃树丰产优质打基础。

2. 优质高效桃园需要的土壤条件要求

要求土层深厚，土壤固、液、气三相物质比例适当，质地疏松，温度适宜，酸碱度适中，有效养分含量高。生产中应根据桃树生长的需要进行土壤改良，为根系生长创造理想的根际土壤环境。

（1）具有一定厚度（60厘米以上）的活土层　果树根系集中分布层的范围越广，抵抗不良环境、供应地上部营养的能力就越强，为达到优质、丰产的目的，应为根系创造最适生态层，土壤应具有一定厚度（60厘米以上）的活土层。

（2）土壤有机质含量高　高产桃园土壤要求有机质含量高，团粒结构良好。有机质经土壤微生物分解后能不断释放果树需要的各种营养元素供果树需要；有机质能加速微生物繁殖，加快土壤熟化，维持土壤的良好结构；有机质被微生物分解后部分转变成腐殖质，成为形成团粒结构的核心，大量的营养元素吸附在其表面，肥力持久。优质高产果园土壤有机质含量至少要达到1%以上。

（3）土壤疏松、透气性强、排水性好　果树根系的呼吸、生长及其他生理活动都要求土壤中有足够的氧气，土壤缺氧时树体的正常呼吸及生理活动受阻，生长停止。优质丰产果园土壤应疏松、透气、排水性好，以保证根系正常生理活动。

三、果园土壤改良方法

建在山地、丘陵、砂砾滩地、盐碱地的果园，土壤瘠薄、结构不良、有机质含量低，土质偏酸或偏碱，对果树生长不利，必须在栽植前后至幼树期对土壤进行改良，改善、协调土壤的水、肥、气、热条件，提高土壤肥力。

1. 适度深翻

对土壤厚度不足50厘米，下层为未风化层的瘠薄山地，或30～40厘米以下有不透水黏土层的砂地或河滩地，应重视果园的土壤改良。如果园土壤为疏松深厚的砂质壤土，不需要深翻。

（1）深翻时期　根据果树根系的生长物候期的变化，春夏秋三季，都是根系的生长高峰时期，深翻伤根后伤口愈合并能迅速恢复生长。不同时期深翻，效果不同。

① 春季深翻　土壤刚刚解冻，土质松软，春季果树需水多，

伤根太多会造成树体失水，影响春天果树开花和新梢生长。

② 夏季深翻　夏季高温，根系生长快，雨量多，深翻后伤根愈合快。夏季深翻可结合压绿肥，减少新梢生长速度，深翻效果好。

③ 秋季深翻　一般在9月中旬开始，入冬前结束。

(2) 深翻方法　生产上常用的深翻方法有深翻扩穴和隔行深翻等，深翻深度40～60厘米，深翻沟要在距树干1米往外，以免伤大根。深翻时，表土、心土要分开堆放。回填时先在沟内埋有机物如作物秸秆等，把表土与有机肥混匀先填入沟内，心土撒开。每次深翻沟要与以前的沟衔接，不留隔离带。

(3) 深翻注意事项

① 切忌伤根过多，以免影响地上部生长。深翻中应特别注意不要切断1厘米以上的大根。

② 深翻结合施有机肥，效果好。

③ 随翻随填，及时浇水，根系不能暴露太久。干旱时期不能深翻，排水不良的果园，深翻后及时打通排水沟，以免积水引起烂根。地下水位高的果园，主要是培土而不是深翻。更重要的是深挖排水沟。

④ 做到心土、表土互换，以利心土风化、熟化。

2. 培土（压土）与掺沙

(1) 作用　培土、掺沙能增厚土层、保护根系、增加养分、改良土壤结构。

(2) 培土的方法　把土块均匀分布全园，经晾晒打碎，通过耕作把所培的土与原来的土壤逐步混合。

(3) 压土与掺沙时期　北方寒冷地区一般在晚秋初冬进行，可起保温防冻、积雪保墒的作用。压土掺沙经冬季土壤熟化，对次年果树的生长发育有利。

(4) 注意事项　压土厚度要适宜，过薄起不到压土的作用，过厚对果树发育不利，“沙压黏”或“黏压沙”时要薄一些，一般厚度为5～10厘米；压半风化石块可厚些，但不要超过15厘米。连续多年压土，土层过厚会抑制果树根系呼吸，影响果树生长和发育，造成根颈腐烂，树势衰弱。在果园压土或放淤时，为防止接穗生根或对根系的不良影响，应扒土露出根颈。

3. 增施有机肥料

(1) 有机肥料特点　所含营养元素比较全面，除含主要元素外，还含有微量元素和许多生理活性物质，包括激素、维生素、氨基酸、葡萄糖、DNA、RNA、酶等，也称完全肥料。多数有机肥料需要通过微生物的分解释放才能被果树根系所吸收，所以又称迟效性肥料，多作基肥使用。

(2) 种类　常用的有机肥料有厩肥、堆肥、禽粪、鱼肥、饼肥、人粪尿、土杂肥、绿肥等。

(3) 作用

① 有机肥料能供给植物所需要的营养元素和某些生理活性物质，还能增加土壤的腐殖质。

② 有机肥中的有机胶质可改良砂土，增加土壤的孔隙度，改良黏土的结构，提高土壤保水保肥能力，缓冲土壤的酸碱度，改善土壤的水、肥、气、热状况。

③ 施用有机肥后，分解缓慢，整个生长期间都可持续不断发挥肥效；土壤溶液浓度没有忽高忽低的急剧变化。

④ 可缓和施用化肥后引起土壤板结、元素流失，使磷和钾变为不可给态等的不良反应，提高化肥的肥效。

4. 应用土壤结构改良剂

(1) 分类　土壤结构改良剂分有机、无机及无机-有机三种。

① 有机土壤改良剂　是从泥炭、褐煤及垃圾中提取的高分子化合物。

② 无机土壤结构改良剂有硅酸钠及沸石等。

③ 无机-有机土壤结构改良剂有二氧化硅-有机化合物等。

(2) 作用　土壤结构改良剂可改良土壤理化性质及生物学活性，保护根层，防止水土流失，提高土壤透水性，减少地面径流。固定流沙，加固渠壁，防止渗漏，调节土壤酸碱度等。

四、果园主要土类的改良

1. 山地红黄壤果园改良

(1) 特点

① 红黄壤广泛分布于我国长江以南丘陵山区。该地区高温多雨，有机质分解快、易淋洗流失，而铁、铝等元素易于积累，使土壤呈酸性反应，同时有效磷的活性降低。

② 由于风化作用强烈，土粒细，土壤结构不良，水分过多时，土粒吸水成糊状。

③ 干旱时水分容易蒸发散失，土块又易紧实坚硬。

(2) 改善红黄壤的理化性状的措施

① 做好水土保持工作　红黄壤结构不良，水稳性差，抗冲刷力弱，应做好梯田、撩壕等水土保持工作。

② 增施有机肥料　红黄壤土质瘠薄，缺乏有机质，土壤结构不良。增加有机肥料是改良土壤的根本性措施，如增施厩肥，大力种植绿肥等。

③ 施用磷肥和石灰　红黄壤中的磷素含量低，有机磷更缺乏，增施磷肥效果良好。在红黄壤中各种磷肥都可施用，但目前多用微酸性的钙镁磷肥。

红黄壤施用石灰可以中和土壤酸度，改善土壤理化性状，加强有益微生物活动，促进有机质分解，增加土壤中速效养分，施用量每亩 50～75 千克。

2. 盐碱地果园土壤改良

(1) 特点

① 土壤的酸碱度可影响果树根系生长，要求中性到微酸性土壤。

② 土壤中盐类含量过高，对果树有害，一般硫酸盐不能超过 0.3%。

③ 在盐碱地果树根系生长不良，易发生缺素症，树体易早衰，产量也低。

(2) 改良措施 在盐碱地栽植果树必须进行土壤改良。措施如下。

① 设置排灌系统 改良盐碱地主要措施之一是引淡洗盐。在果园顺行间隔 20～40 米挖一道排水沟，一般沟深 1 米，上宽 1.5 米，底宽 0.5～1.0 米。排水沟与较大较深的排水支渠及排水干渠相连，使盐碱能排到园外。园内定期引淡水进行灌溉，达到灌水洗盐的目的。达到要求含盐量（0.1%）后，应注意生长期灌水压碱，中耕、覆盖、排水、防盐碱上升。

② 深耕施有机肥 有机肥料除含果树所需要的营养物质外，并含有机酸，对碱能起中和作用。有机质可改良土壤理化性状，促进团粒结构的形成，提高土壤肥力，减少蒸发，防止返碱。天津清河农场经验，深耕 30 厘米，施大量有机肥，可缓冲盐害。

③ 地面覆盖 地面铺沙、盖草或其他物质，可防止盐上升。山西文水葡萄园干旱季节在盐碱地上铺 10～15 厘米沙，可防止盐碱上升和起到保墒的作用。

④ 营造防护林和种植绿色作物 防护林可以降低风速，减少地面蒸发，防止土壤返碱。种植绿色植物，除增加土壤有机质、改善土壤理化性质外，绿肥的枝叶覆盖地面，可减少土壤蒸发，抑制盐碱上升。

⑤ 中耕除草 中耕可锄去杂草，疏松表土，提高土壤通透性，又可切断土壤毛细管，减少土壤水分蒸发，防止盐碱上升。施用石膏等对碱性土的改良也有一定作用。

3. 沙荒及荒漠土果园改良

我国黄河中下游的泛滥平原，最典型的为黄河故道地区的沙荒地。

(1) 特点

① 其组成物主要是沙粒，沙粒的主要成分为石英，矿物质养分稀少，有机质极其缺乏。

② 导热快，夏季比其他土壤温度高，冬季又比其他土壤冻结厚。

③ 地下水位高，易引起涝害。

（2）改土措施

① 开排水沟降低地下水位，洗盐排碱。

② 培泥或破淤泥层。

③ 深翻熟化；增施有机肥或种植绿肥。

④ 营造防护林。

⑤ 有条件的地方试用土壤结构改良剂。

五、幼龄果园土壤管理制度

1. 幼树树盘管理

幼树树盘即树冠投影范围。树盘内的土壤可以采用清耕或清耕覆盖法管理。耕作深度以不伤根系为限。有条件的地区，可用各种有机物覆盖树盘。覆盖物的厚度，一般在10厘米左右。如用厩肥、稻草或泥炭覆盖还可薄一些。夏季给果树树盘覆盖，降低地温的效果较好。沙滩地树盘培土，既能保墒又能改良土壤结构，减少根系冻害。

2. 果园间作

幼龄果园行间空地较多可间作。

（1）好处

① 果园间作可形成生物群体，群体间可相依存，还可改善微域气候，有利于幼树生长，并可增加收入，提高土地利用率。

② 合理间作既充分利用光能，又可增加土壤有机质，改良土壤理化性状。如间作大豆，除收获豆实外，遗留在土壤中的根、叶，每亩地可增加有机质约17.5千克。利用间作物覆盖地面，可抑制杂草生长，减少蒸发和水土流失，防风固沙，缩小地面温变幅度，改善生态条件，有利于果树的生长发育。

（2）间作物要求及管理

① 间作物要有利于果树的生长发育，在不影响果树生长发育的前提下，种植间作物。

② 应加强树盘肥水管理，尤其是在间作物与果树竞争养分剧

烈的时期，要及时施肥灌水。

③ 间作物要与果树保持一定距离，尤其是播种多年生牧草更应注意。因多年生牧草根系强大，应避免其根系与果树根系交叉，加剧争肥争水的矛盾。

④ 间作物植株要矮小，生育期较短，适应性强，与果树需水临界期错开。

⑤ 间作物应与果树没有共同病虫害，比较耐荫和收获较早等。

（3）适宜的间种作物

① 间作物以矮秆、生长期短、不与或少与桃树争肥争水的作物为主，如花生、豆类、葱蒜类及中草药等。

② 为了缓和树体与间作物争肥、争水、争光的矛盾，又便于管理，果树与间作物间应留出足够的空间。当果树行间透光带仅有1～1.5 米时应停止间作。

③ 长期连作易造成某种元素贫乏，元素间比例失调或在土壤中遗留有毒物质，对果树和间作物生长发育均不利。为避免间作物连作所带来的不良影响。需根据各地具体条件制定间作物的轮作制度。

六、成年果园土壤管理制度

成年果园的土壤管理制度如下。

1. 清耕

园内不种作物，经常进行耕作，使土壤保持疏松和无杂草状态。果园清耕制是一种传统的果园土壤管理制度，目前生产中仍被广泛应用。

（1）方法　果园土壤在秋季深耕，春季浅耕，生长季多次中耕除草，耕后休闲。

① 秋季深耕

a. 在新梢停长后或果实采收后进行。此时地上部养分消耗减少，树体养分开始向下运转，地下部正值根系秋季生长高峰，被耕翻碰伤的根系伤口可以很快愈合，并能长出新根，有利于树体养分的积累。

b. 由于表层根被破坏，促使根系向下生长，可提高根系的抗逆性，扩大吸收范围。

c. 通过耕翻可铲除宿根性杂草及根蘖，减少养分消耗。

d. 耕翻有利于消灭地下越冬害虫。

e. 在雨水过多的年份，秋季耕翻后，不耙平或留“锨窝”，可促进蒸发，改善土壤水分和通气状况，有利于树体生长发育；在低洼盐碱地留“锨窝”，还可防止返碱。

f. 耕翻深度一般为20厘米左右。

② 春季浅翻

a. 在清明到夏至之间对土壤进行浅翻，深10厘米左右。

b. 此时是新梢生长、坐果和幼果膨大时期，经浅耕有利于土壤中肥料的分解，也有利于消灭杂草及减少水分的蒸发，促进新梢的生长、坐果和幼果的膨大。

③ 中耕除草　生长季节，果园在雨后或灌溉后须进行中耕除草，以疏松表土、铲除杂草、防止土壤水分的蒸发。

（2）果园清耕制的优缺点

① 优点

a. 清耕法可使土壤保持疏松通气，促进微生物繁殖和有机物分解，短期内显著增加土壤有机态氮素。

b. 耕锄松土，可除草、保肥、保水。

c. 有效控制杂草，避免杂草与果树争夺肥水的矛盾。

d. 能使土壤保持疏松通气，促进微生物的活动和有机物的分解，短期内提高速效性氮素的释放，增加速效性磷、钾的含量。

e. 利于行间作业和果园机械化管理。

f. 消灭部分寄生或躲避在土壤中的病虫。

② 缺点

a. 果园长期清耕会使果园的生物种群结构发生变化，一些有益的生物数量减少，破坏果园的生态平衡。

b. 破坏土壤结构，使物理性状恶化，有机质含量及土壤肥力下降。

c. 长期耕作使果实干物质减少，酸度增加，储藏性下降。

d. 坡地果园采用清耕法在大雨或灌溉时易引起水土流失；寒冷地区清耕制果园的冻害加重，幼树的抽条率高。

e. 清耕法费工、劳动强度大。

果园清耕制一般适应于土壤条件较好、肥力高、地势平坦的果园，果园不宜长期应用清耕制，也不能连年应用，应用清耕制要注意增施有机肥。

2. 生草

除树盘外，在果树行间播种禾本科、豆科等草种的土壤管理方法。生草法在土壤水分较好的果园可以采用。应选择优良草种，关键时期补充肥水，刈割覆盖地面，在缺乏有机质、土壤较深厚、水土易流失的果园，生草法是较好的土壤管理方法。

(1) 优缺点

① 优点

a. 生草后土壤不进行耕锄，土壤管理较省工。

b. 可减少土壤冲刷，留在土壤中的草根，可增加土壤有机质，改善土壤理化性状，使土壤能保持良好的团粒结构。

c. 在雨季，生草果园消耗土壤中过多水分、养分，可促进果实成熟和枝条充实，提高果实品质。

② 缺点

a. 长期生草的果园易使表层土板结，土壤的通气性受影响。

b. 草的根系强大，且在土壤上层分布密度大，截取下渗水分，消耗表土层氮素，使果树根系上浮，与果树争夺水肥的矛盾加大，可通过刈割草，对果树、草增施肥料等方法加以控制。

(2) 草种及草的栽培要点 果园草种主要是多年生牧草和禾本科植物。常见较好的草种有白花三叶草、紫花苜蓿、毛叶苕子等。

① 白花三叶草，也叫白三叶、白车轴草、荷兰翘摇。为豆科三叶草属多年生宿根性草本植物。

白花三叶草喜温暖湿润气候，较其他三叶草适应性强。气温降至 0℃时部分老叶枯黄，小叶停止生长，但仍保持绿色；耐热性也很强，35℃左右的高温不会萎蔫。生长最适温度为 19～24℃。较耐荫，在果园生长良好，但在强遮阳的情况下易徒长。对土壤要求不严格，耐瘠、耐酸，不耐盐碱。耐践踏，耐修剪，再生力强。

白花三叶草种子细小，播前需精细整地，翻耕后施入有机肥或磷肥，可春播也可秋播，北方地区以秋播为宜。果园每亩播种量为 1 千克以上，多用条播，也可撒播，覆土要浅，1 厘米左右即可。播种前可用白花三叶草根瘤菌拌种，接种根瘤菌后，白花三叶草长势旺盛，固氮作用增强。白花三叶草的初花期即可刈割。花期长，种子成熟不一致，利用部分种子自然落地的特性，果园可达到自然更新，长年不衰。

白花三叶草生长快，有匍匐茎，能迅速覆盖地面，草丛浓厚，具根瘤。白花三叶草植株低矮，一般 30 厘米左右，长到 25 厘米左右时进行刈割，刈割时留茬不低于 5 厘米，以利再生。每年可刈割 2～4 次，割下的草可就地覆盖。每次刈割后都要补充肥水。生草 3 年左右后草已老化，应及时翻耕，休闲 1 年后，重新播种。

② 紫花苜蓿，豆科多年生宿根性草本植物。

紫花苜蓿喜温暖半干燥性气候，抗寒、抗旱、耐瘠薄、耐盐碱，但不耐涝。种子发芽的最低温度为 5℃，幼苗期可耐 －6℃的低温，植株能在 －30℃的低温下越冬，对土壤要求不严。播种前施入农家肥及磷肥作底肥，以利根瘤形成。苜蓿种子细小，应精细整地，深耕细耙。可春播和夏播。春季墒情好时可早春播种，在春季干旱、风沙多的地区宜雨季播种，一般每亩用种量 1 千克，播种深度 2～3 厘米，采用条播，行距 25～50 厘米。

紫花苜蓿一般可利用 5～7 年，一年可刈割 3～4 茬，留茬高度 5 厘米，在第二年和第三年，年产鲜草达 5000～7000 千克，最佳收割期为始花期。苜蓿耗水量大，在干旱季节、早春和每次刈割后灌溉，能显著提高苜蓿产量。

③ 毛叶苕子，俗名兰花草、苕草、野豌豆等，豆科巢菜属，一年生或越年生草本植物。苕子根上着生根瘤，固氮能力强，养分

含量高。

苕子的根系发达，吸收水分的能力极强，叶片小，全株着生茸毛，抗旱能力较强，在各类土壤上都能生长，但以在排水良好的壤质土上生长较好。苕子的抗寒性较强，除我国东北、西北高寒地区外，大多数地区可以安全越冬。苕子耐荫性较好，适于果园间作；苕子的再生能力强，如果在蕾期刈割，伤口下的腋芽可萌发成枝蔓。

毛叶苕子一般采用春播或秋播的方法，冬季不能越冬的地区实行春播；冬季能安全越冬的地区最好秋播。

果园种植毛叶苕子要求土壤耙平、整细。由于种皮坚硬，不易吸水发芽，为提高种子的发芽率，播种前要进行种子处理：用60℃的水浸种5～6小时，捞出，晾干后播种。在播种前用根瘤菌拌种可提高鲜草产量和固氮的能力。果园间种毛叶苕子，以条播为宜，行距25～30厘米，每亩播种量5千克左右。

在苕子的盛花期就地翻压或割后集中于树盘下压青；在苕子现蕾初期，留茬10厘米刈割，刈割后再生留种；苕子有30%硬粒，在第二年后陆续发芽，可让其自然落种，形成自然生草；利用苕子鲜茎叶或脱落后的干茎叶做成堆肥或沤肥，腐熟后施入果园。

3. 果园覆草

果园覆草的草源主要是作物秸秆。

① 优缺点

a. 覆草能防止水土流失，抑制杂草生长，减少蒸发，防止返碱，积雪保墒，缩小地温昼夜与季节变化幅度。

b. 覆草能增加有效态养分和有机质含量，并防止磷、钾和镁等被土壤固定而成无效态，利于团粒形成，对果树的营养吸收和生长有利。

c. 覆草可招致虫害和鼠害，使果树根系变浅。

② 果园覆草方法

a. 一般在土壤化冻后进行，也可在草源充足的夏季覆盖。

b. 覆草厚度以 20～30 厘米为宜。

c. 全园覆草不利于降水尽快渗入土壤，降水蒸发消耗多，生产中提倡树盘覆草：覆草前在两行树中间修 30～50 厘米宽的畦埂或作业道，树畦内整平使近树干处略高，盖草时树干周围留出大约 20 厘米的空隙。

③ 果园覆草注意事项

a. 覆草前翻地、浇水，碳氮比大的覆盖物，要增施氮肥，满足微生物分解有机物对氮肥的需要；过长的覆盖物，如玉米秸、高粱秸等要切短，段长 40 厘米左右。

b. 覆草后在草上星星点点压土，以防风刮和火灾，但切勿在草上全面压土，以免通气不畅。

c. 果园覆草改变了田间小气候，使果园生物种群发生变化，如树盘全铺麦草或麦糠的果园玉米象对果实的为害加重，应注意防治；覆草后不少害虫栖息草中，应注意向草上喷药。

d. 秋季应清理树下落叶和病枝，防治早期落叶病、潜叶蛾、炭疽病等发生。

e. 果园覆草应连年进行，至少保持 5 年以上才能充分发挥覆盖的效应。在覆盖期间不进行刨树盘或深翻扩穴等工作。

f. 连年覆草会引起果树根系上移，分布变浅，覆草的果园不易改用其他土壤管理方法。

4. 免耕法

果园利用除草剂防除杂草，土壤不进行耕作，可保持土壤自然结构、节省劳力、降低成本。

果园免耕，不耕作、不生草、不覆盖，用除草剂灭草，土壤中有机质的含量得不到补充而逐年下降，造成土壤板结。但从长远看，免耕法比清耕法土壤结构好，杂草种子密度减少，除草剂的使用量也随之减少，土壤管理成本降低。

免耕的果园要求土层深厚，土壤有机质含量较高；或采用行内免耕，行间生草制；或行内免耕，行间覆草制；或免耕几年后，改为生草制，过几年再改为免耕制。

七、果园土壤一般管理

1. 耕翻

耕翻最好在秋季进行。秋季耕翻多在果树落叶后至土壤封冻前进行，可结合清洁果园，把落叶和杂草翻入土中。即减少了果园病源和虫源，又可增加土壤有机质含量。也可结合施有机肥进行，将腐熟好的有机肥均匀撒施入，然后翻压即可。耕翻深度为20厘米左右。

2. 中耕除草

中耕的目的是消除杂草以减少水分、养分的消耗。中耕次数应根据当地气候特点、杂草多少而定。在杂草出苗期和结籽期进行除草效果较好，能消灭大量杂草，减少除草次数。中耕深度一般为6～10厘米，过深伤根，对果树生长不利，过浅起不到中耕的作用。

3. 化学除草

指利用除草剂防除杂草。可将药液喷撒在地面或杂草上除草，简单易行，效果好。选用除草剂时，应根据果园主要杂草种类选用，结合除草剂效能和杂草对除草剂的敏感度和忍耐力，确定适宜浓度和喷洒时期。喷洒除草剂前，应先做小型试验，然后再大面积应用。

第三节　施肥技术

一、桃树对养分的需要

桃树对主要营养的需求特点如下。

(1) 桃树需钾量较多　钾的吸收量是氮素的1.6倍，尤其以果实的吸收量最大，其次是叶片。它们的吸收量占钾吸收量的91.4%。

钾对桃产量及果实大小、色泽、风味等有显著影响，满足钾的需要，是桃树丰产、优质的关键。钾营养充足，果实个大，着色面积大，色泽鲜艳，风味浓郁；钾营养不足，果实个小，色差，味淡。

（2）桃需氮量较高，反应敏感　以叶片吸收量最大，占总氮量的近一半。桃树对氮反应较敏感，氮过盛新梢旺长，氮不足叶片黄化。

（3）桃需磷、钙量较高　磷、钙吸收量与氮吸收量的比值分别为10∶4和10∶20。磷在叶片和果实中吸收多，桃对磷肥需要量较小，不足需钾量的30%，但缺磷会使桃果果面晦暗，肉质松软，味酸，果皮上时有斑点或裂纹出现。钙在叶片中含量最高。

（4）各器官对氮、磷、钾三要素的吸收量　各器官对氮、磷、钾三要素吸收量以氮为标准，其比值分别为：叶10∶2.6∶13.7，果10∶5.2∶24，根10∶6.3∶5.4。对三要素的总吸收量的比值为10∶(3～4)∶(13～16)。

二、肥料种类

1. 有机肥料

有机肥料是指肥料中含有较多有机物的肥料。有机肥料是迟效性肥料，在土壤中逐渐被微生物分解，养分释放缓慢，肥效期长，有机质转变为腐殖质后，能改善土壤的理化性质，提高土壤肥力，其养分比较齐全，属完全性肥料，是果树的基本肥料。一般做基肥使用，施入果树根系集中分布层。

2. 化学肥料

又称无机肥料，成分单纯，某种或几种特定矿质元素含量高，肥料能溶解在水里，易被果树直接吸收，肥效快，但施用不当，可使土壤变酸、变碱，土壤板结。一般做追肥用，应结合灌水施用。在化肥中按所含养分种类又分为氮肥、磷肥、钾肥、钙镁硫肥、复合肥料、微量元素肥料等。

（1）氮肥　常用的氮肥有尿素、氨水、碳酸氢铵、硝酸铵、磷酸铵、磷酸二氢铵、磷酸氢二铵等。

尿素含氮量42%～46%。尿素适用于各种土壤和植物，对土壤没有任何不利的影响，可用作基肥、追肥或叶面喷施。

氨溶于水即成为氨水，含氮量12%～17%，极不稳定，呈碱性，有强烈的腐蚀性。氨水适用于各种土壤，可作基肥和追肥。施用时必须坚持“一不离土，二不离水”的原则。

碳酸氢铵简称碳铵，含氮量17%左右。碳铵适用于各种土壤，宜作基肥和追肥，应深施并立即覆土，切忌撒施地表，其有效施用技术包括底肥深施、追肥穴施、条施、秋肥深施等。

硫酸铵简称硫铵，含氮量20%～21%。硫铵适用于各种土壤，可作基肥、追肥和种肥。酸性土壤长期施用硫酸铵时，应结合施用石灰，以调节土壤酸碱度。

(2) 磷肥 常用的磷肥有过磷酸钙、重过磷酸钙、钙镁磷肥、磷矿粉等。

过磷酸钙又称普钙。可以施在中性、石灰性土壤上，可作基肥、追肥，也可作根外追肥。注意不能与碱性肥料混施，以防酸碱性中和，降低肥效。主要用在缺磷土壤上，施用要根据土壤缺磷程度而定，叶面喷施浓度为1%～2%。

重过磷酸钙又称重钙。重钙的施用方法与普钙相同，只是施用量酌减。在等磷量的条件下，重钙的肥效一般与过磷酸钙相差无几。

钙镁磷肥适用于酸性土壤，肥效较慢，作基肥深施比较好。与过磷酸钙、氮肥不能混施，但可以配合施用，不能与酸性肥料混施，在缺硅、钙、镁的酸性土壤上效果好。

磷酸一铵和磷酸二铵是以磷为主的高浓度速效氮、磷二元复合肥，适用于各种土壤，主要作基肥。

(3) 钾肥 常用的钾肥有硫酸钾、窑灰钾肥等。

硫酸钾含氧化钾 50%～52%，为生理酸性肥料，可作种肥、追肥和底肥、根外追肥。

窑灰钾肥是热性肥料，可作基肥或追肥，适宜用在酸性土壤上，施用时应避免与根系直接接触。

(4) 复合肥料　凡含有氮、磷、钾三种营养元素中的两种或两种以上的肥料总称复合肥。含 2 种元素的叫二元复合肥，含 3 种元素的叫三元复合肥。复合肥肥效长，宜做基肥。若复合肥施用过量，易造成烧苗现象。

复合肥具有物理性状好、有效成分高、储运和施用方便等优点，且可减少或消除不良成分对果树和土壤的不利影响。

常用的复合肥有磷酸一铵、磷酸二铵、硝酸磷肥、磷酸二氢钾及多种掺混复合肥。

(5) 微量元素肥料　微量元素肥料（微肥）是提供植物微量元素的肥料，如铜肥、硼肥、钼肥、锰肥、铁肥和锌肥等都称为微肥。

常用的微肥有硫酸锌、硫酸亚铁、硫酸锰、硼砂、钼酸铵等。

3. 生物肥料

生物肥料是指一类含有大量活的微生物的特殊肥料。生物肥料施入土壤中，大量活的微生物在适宜条件下能够积极活动，有的可在果树根系周围大量繁殖，发挥自生固氮或联合固氮作用；有的还可分解磷、钾矿质元素供给果树吸收或分泌生长激素刺激果树生长。所以生物肥料不是直接供给果树需要的营养物质，而是通过大量活的微生物在土壤中的积极活动来提供果树需要的营养物质或产生激素来刺激果树生长。

由于大多数果树的根系都有菌根共生现象，果树根系的正常生长需要与土壤中的有益微生物共生，互惠互利。一方面，有些特定的微生物在代谢过程中产生生长素和赤霉素类物质，能够促进果树根系的生长；另一方面，也有些种类的微生物能够分解土壤中被固定的矿质营养元素，如磷、钾、铁、钙等，使其成为游离状态，能顺利地被根系吸收和利用。有益微生物也能从根系内吸收部分糖和有机营养，供自身代谢和繁殖需要，形成共生关系。因此为了促进果树根系的发育和生长，生产上要求果园有必要每年或隔年施入一定量的腐熟有机肥（含大量有益微生物）或生物肥。

生物肥料的种类很多，生产上应用的主要有根瘤菌类肥料、固氮菌类肥料、解磷解钾菌类肥料、抗生菌类肥料和真菌类肥料等。这些生物肥料有的是含单一有效菌的制品，也有的是将固氮菌、解磷解钾菌复混制成的复合型制品，目前市场上大多数制品都是复合型的生物肥料。

使用生物肥料应注意以下问题。

① 产品质量。检查液体肥料的沉淀与否、浑浊程度；固体肥料的载体颗粒是否均匀，是否结块；生产单位是否正规，是否有合格证书等。

② 及时使用、合理施用。生物肥料的有效期较短，不宜久存，一般可于使用前2个月内购回，若有条件，可随购随用。还应根据生物肥料的特点并严格按说明书要求施用，须严格操作规程。喷施生物肥时，效果在数日内即较明显，微生物群体衰退很快，应予及时补施，以保证其效果的连续性和有效性。

③ 注意储存环境，注意与其他药、肥分施。不得阳光直射，避免潮湿，干燥通风等。在没有弄清其他药、肥的性质以前，最好将生物肥料单独施用。

三、施肥量和影响施肥量因素

1. 影响施肥量的因素

(1) 品种 开张性品种如大久保，生长较弱，结果早，应多施肥；直立性品种，生长旺，可适量少施肥。坐果率高、丰产性品种应多施肥，反之则少施。

(2) 树龄、树势和产量 幼龄树，一般树势旺，产量低，可以少施氮肥，多施磷、钾肥。成年树，树势减弱，产量增加，应多施肥，注意氮、磷和钾肥的配合，以保持生长和结果的平衡。衰老树长势弱，产量降低，应增施氮肥，促进新梢生长和更新复壮。

一般幼树施肥量为成年树的20%～30%，4～5年生树为成年树的50%～60%，6年生以上的树达到盛果期的施肥量。

(3) 土质 土壤瘠薄的砂土地、山坡地，应多施肥。土壤肥沃，相应少施肥。

2. 施肥量

桃树每生产100千克的桃果需要吸收的氮量为0.3～0.6千克、吸收的磷量为0.1～0.2千克、吸收的钾量为0.3～0.7千克。一般高产桃园每年的氮肥施用量以纯氮计为20～45千克，磷肥的施用量以五氧化二磷计为4.5～22.5千克，钾肥的施用量以氧化钾计为15～40千克。

桃树需要的微量元素和钙镁硫等营养元素，主要靠土壤和有机肥提供。土壤较瘠薄、施用有机肥少的桃树可根据需要施用微量元素肥料。

四、施肥时期

按有机农业和绿色食品生产的要求，桃园施肥要以有机肥为主。在秋施基肥的基础上，根据桃树的年龄时期和各物候期生长发育对养分需求的状况与特点，决定追肥的时期、种类与数量。

1～3年生幼树少施或不施氮素化肥，花芽分化前追施一定数量的钾肥，以促进花芽分化和枝条成熟。施肥量以不刺激幼树徒长为原则，一般在树体大小未达到设计标准之前，主枝延长枝的基部粗度以不超过2厘米为好。

成年树以生长势为主要施肥依据，保持树势中庸健壮，主要结果枝比例在70%以上。除注重秋施基肥以外，追肥以钾肥为主，重点在硬核后的果实速长期进行。

1. 基肥

(1) 施用时期　基肥可以秋施、冬施或春施，果实采收后尽早施入，一般在9月份。秋季没有施基肥的桃园，可在春季土壤解冻后补施。秋施应在早中熟品种采收之后、晚熟品种采收之前进行，宜早不宜迟。秋施基肥的时间还应根据肥料种类而异，较难分解的肥料要适当早施，较易分解的肥料则应晚施。在土壤比较肥沃、树势偏于徒长型的植株或地块，尤其是生长容易偏旺的初结果幼树，为了缓和新梢生长，往往不施基肥，待坐果稳定后通过施追肥调整。

(2) 施肥量　基肥一般占施肥总量的 50%～80%，施入量 4000～5000 千克/亩。

(3) 施肥种类　以腐熟的农家肥为主，适量加入速效化肥和微量元素肥料（过磷酸钙、硼砂、硫酸亚铁、硫酸锌、硫酸锰等）。

(4) 施肥方法　桃根系较浅，大多分布在 20～50 厘米深度内，施肥深度在 30～50 厘米处。

一般有环状沟施、放射状沟施、条施和全园普施等。

① 环状沟施　在树冠外围，开一环绕树的沟，沟深 30～40 厘米，沟宽 30～40 厘米，将有机肥与土的混合物均匀施入沟内，填土覆平。

② 放射状沟施　自树干旁向树冠外围开几条放射沟施肥，近树干处沟宜浅。

③ 条施　在树的东西或南北两侧，开条状沟施肥，但需每年变换位置，以使肥力均衡。

④ 全园普施　施肥量大而且均匀，施后翻耕，一般应深翻 30 厘米。

(5) 施基肥的注意事项　有机肥施用前要经过腐熟。在基肥中可加入适量硼、硫酸亚铁、过磷酸钙等，与有机肥混匀后一并施入。施肥深度要合适，不要地面撒施和压土式施肥。如肥料充足，一次不要施太多，可以分次施入。

2. 追肥

追肥是在果树生长发育期间施入的肥料。施用追肥作用是及时补充植物在生育过程中所需的养分，以促进植物进一步生长发育，提高产量和改善品质，一般以速效性化学肥料作追肥。

(1) 追肥时期　可分为萌芽前后、果实硬核期、催果肥和采收后。生长前期以氮肥为主，生长中后期以磷钾肥为主。钾肥应以硫酸钾为主。注意每次施肥后必须进行灌水。

具体施肥时期、肥料种类应根据品种特点、有机肥施用量和产量等综合考虑确定。壤土或黏壤土肥力较高，保肥保水性好，在基肥充足的情况下，追肥在果实迅速生长期施 1 次即可。树势弱的宜早施，并适当增加施肥量和施肥次数，特别是前期氮肥的施用量要增加；结果多、产量高的施肥量要大，结果少的应少施或不施。

桃树土壤追肥的时期、肥料种类见表6-3。

表6-3 桃树土壤追肥的时期、肥料种类

次别	物候期	时期	作　用	肥料种类
1	萌芽前后	3月上、中旬	补充上年树体储藏营养的不足，促进根系和新梢生长，提高坐果率	以氮肥为主，秋施基肥没施磷肥时，加入磷肥
2	硬核期	5月下旬至6月上旬	促进果核和种胚发育、果实生长和花芽分化	氮、磷、钾肥配合施，以磷、钾肥为主
3	催果肥	成熟前20～30天	促进果实膨大，提高果实品质和花芽分化质量	以钾肥为主
4	采后肥	果实采收后	恢复树势，使枝芽充实、饱满，增加树体储藏营养，提高抗寒性	以氮肥为主，配以少量磷钾肥。只对结果量大、树势弱的施肥。施肥量小

注：摘自马之胜，桃安全生产技术指南，2012。

(2) 追肥方法　采用穴施，在树冠投影下，距树干80厘米之外，均匀挖小穴，穴间距为30～40厘米。施肥深度为10～15厘米。施后盖土，然后浇水。

(3) 追肥应注意的问题　不要地面撒施，以提高肥效和肥料利用率。

3. 叶面喷肥

(1) 肥料种类　适于根外追肥的肥料种类很多，一般有如下几类。

① 普通化肥　氮肥主要有尿素、硝酸铵、硫酸铵等，以尿素应用最广，效果最好。磷肥有磷酸铵、磷酸二氢钾和过磷酸钙。桃对磷的需要量比氮和钾少，但将其施入土壤中，大部分变成不溶解态，效果大大降低，磷肥进行根外追肥更有重要意义。钾肥有硫酸钾、氯化钾、磷酸二氢钾均可应用，其中磷酸二氢钾应用最广泛，效果最好。

② 微量元素肥料　有硼砂、硼酸、硫酸亚铁、硫酸锰和硫酸锌等。

③ 农家肥　家禽类、人粪尿、饼肥、草木灰等经过腐熟或浸泡、稀释后再行喷布。

(2) 适宜浓度　各种常用肥料的使用浓度见表 6-4，供参考。

表 6-4　桃根外追肥常用肥料的浓度

肥料种类	喷施浓度/%	肥料种类	喷施浓度/%
尿素	0.1～0.3	硫酸锰	0.05
硫酸铵	0.3	硫酸镁	0.05～0.1
过磷酸钙	1.0～3.0	磷酸铵	1.0
硫酸钾	0.05	磷酸二氢钾	0.2～0.3
硫酸锌	0.3～0.5(加同浓度石灰)	硼酸、硼砂	0.2～0.4
草木灰	2～3	鸡粪	2～3
硫酸亚铁	0.1～0.3(加同浓度石灰)	人粪尿	2～3

4. 灌溉施肥

(1) 概念　灌溉施肥是将肥料通过灌溉系统（灌溉沟、喷灌、滴灌）进行果园施肥的一种方法。

(2) 灌溉施肥的优点　灌溉施肥肥料元素呈溶解状态，施于地表能更快地为根系所吸收利用，提高肥料利用率。肥料在土壤中养分分布均匀，不会伤根，且节省施肥的费用和劳力。

五、桃树缺素症及其防治

（一）缺氮症

1. 症状

土壤缺氮会使全株叶片上形成坏死斑。缺氮枝条细弱，短而硬，皮部呈棕色或紫红色。缺氮的植株，果实早熟，上色好。离核桃的果肉风味淡，含纤维多。

2. 发生规律

缺氮初期，新梢基部叶片逐渐变成黄绿色，枝梢也随即停长。继续缺氮时，新梢上的叶片由下而上全部变黄。叶柄和叶脉变红，氮素可从老熟组织转移到幼嫩组织中，缺氮症多在较老的枝条上表现显著，幼嫩枝条表现较晚而轻。严重缺氮时，叶脉间的叶肉出现红色或红褐色斑点。到后期，许多斑点发展为坏死斑。

土壤瘠薄、管理粗放、杂草丛生的桃园易表现缺氮症。在砂质土壤上的幼树，新梢速长期或遇大雨，几天内即表现出缺氮症。

3. 防治方法

桃树缺氮应在施足有机肥的基础上，适时追施氮素化肥。

① 增施有机肥。早春或晚秋，最好是在晚秋，按 1 千克桃果 2～3 千克有机肥的比例开沟施有机肥。

② 根部和叶部追施化肥。追施氮肥，如硫酸铵、尿素。施用后症状很快得到矫正。在雨季和秋梢迅速生长期，树体需要大量氮素，而此时土壤中氮素易流失。除土施外，也可用 0.1%～0.3% 尿素溶液喷布树冠。

（二）缺磷症

1. 症状

缺磷较重的桃园，新生叶片小，叶柄及叶背的叶脉呈紫红色，以后呈青铜色或褐色，叶片与枝条呈直角。

2. 发生规律

磷可从老熟组织转移到新生组织中被重新利用，老叶片首先表现症状。缺磷初期，叶片较正常，或变为浓绿色或暗绿色，似氮肥过多。叶肉革质，扁平且窄小。

严重缺磷，老叶片形成黄绿色或深绿色相间的花叶，叶片很快脱落，枝条纤细。新梢节短，呈轮生叶，细根发育受阻，植株矮化。果实早熟，汁液少，风味不良，并有深的纵裂和流胶。

土壤碱性较大时，不易缺磷，幼龄树缺磷受害最显著。

3. 防治方法

① 增施有机肥料。

② 施用化肥。施用过磷酸钙、磷酸二铵或磷酸二氢钾。秋季施入腐熟的有机肥，施入量为桃果产量的 2～3 倍，将过磷酸钙和磷酸二氢钾混入有机肥中一并施用，效果更好。轻度缺磷，在生长

季节喷0.1%～0.3%的磷酸二氢钾溶液2～3遍，可使症状缓解。

（三）缺钾症

1. 症状

叶片卷曲、皱缩，有时呈镰刀状。晚夏后叶变浅绿色。严重缺钾，老叶主脉附近皱缩，叶缘或近叶缘处坏死，边缘不规则、穿孔。

2. 发生规律

缺钾初期，枝条中部叶片皱缩。继续缺钾时，叶片皱缩明显，扩展快。遇干旱时，叶片卷曲，全树呈萎蔫状。缺钾而卷曲的叶片背面，常变成紫红色或淡红色。新梢细短，易发生生理落果，果个小，花芽少或无花芽。

在细砂土、酸性土及有机质少和施用钙、镁较多的土壤上，易缺钾。在砂质土中施石灰过多，可降低钾的可给性，在轻度缺钾的土壤中施用氮肥时，刺激桃树生长，更易缺钾。桃树缺钾，易遭受冻害或旱害。钾肥过多，会引起缺硼。

3. 防治方法

在增施有机肥的基础上注意补施一定量的钾肥，避免偏施氮肥。生长季喷施0.2%磷酸二氢钾、硫酸钾或硝酸钾2～3次。

（四）缺铁症

1. 症状

叶脉保持绿色，而脉间褪绿。严重时整片叶全部黄化，最后白化，幼叶、嫩梢枯死。

2. 发生规律

铁在植物体内不易移动，缺铁症从幼嫩叶上开始。叶肉先变黄，而叶脉保持绿色。随病势发展，整叶变白，失绿部分出现锈褐色枯斑或叶缘焦枯，引起落叶，最后新梢顶端枯死。一般树冠外围、上部自新梢顶端叶片发病较重，往下的老叶病情减轻。

在盐碱或钙质土中，桃树缺铁较常见。低洼地区盐分上泛，或长期土壤含水量多时，土壤通气性差，根系吸收能力降低，常引起严重的缺铁症。pH值过大，也会导致黄化。

3. 防治方法

① 增施有机肥或酸性肥料等，降低土壤 pH，促进桃树对铁元素的吸收利用。

② 缺铁较重的桃园，施可溶性铁，如硫酸亚铁、螯合铁和柠檬酸铁等。在病树周围挖 8～10 个小穴，穴深 20～30 厘米，穴内施 2%的硫酸亚铁溶液，每株施用 6～7 克。1000～1500 毫克/千克硝基黄腐酸铁，每隔 7～10 天 1 次，喷 3 次。

（五）缺锌症

1. 症状

主要表现为小叶，又叫“小叶病”。新梢节间短，顶端叶片挤在一起呈簇状，也称“丛箬病”。

2. 发生规律

早春症状最明显，主要表现于新梢及叶片，以树冠外围的顶梢表现最严重。病枝发芽晚，叶片狭小细长、叶缘略向上卷，质硬而脆，叶脉间呈不规则黄色或褪绿部位，褪绿部位逐渐融合成黄色伸长带，从靠近中脉至叶缘，在叶缘形成连续的褪绿边缘。病枝不易成花坐果，果小而畸形。

缺锌的因素有砂土果园土壤瘠薄，锌含量低；土壤透水性好，灌水过多使可溶性锌盐流失；氮肥施用量过多使锌需要量增加；盐碱地锌易被固定，不能被根系吸收；土壤黏重，活土层浅，根系发育不良；重茬果园或苗圃地更易患缺锌症。

3. 防治方法

① 土壤施锌。结合秋施有机肥，每株成龄树加施 0.3～0.5 千克硫酸锌，第二年见效，持效期长达 3～5 年。

② 树体喷锌。发芽前喷 3%～5%硫酸锌溶液，或发芽初喷 0.1%硫酸锌溶液，花后 3 周喷 0.2%硫酸锌加 0.3%尿素，可明显减轻症状。

（六）缺硼症

1. 症状

桃树缺硼可使新梢发生“顶枯”，即新梢从上往下枯死。在枯死部的下方，长出侧梢，使大枝呈丛枝状。在果实上表现为发病初期，果皮细胞增厚，木栓化，果面凹凸不平，以后果肉细胞变褐木栓化。

2. 发生规律

硼在树体组织中不能储存，也不能从老组织转移到新生组织，在桃树生长的任何时期缺硼都可发病。

造成缺棚的因素有土壤中缺硼；土层薄、缺乏腐殖质和植被保护，雨水冲刷而缺硼；土壤偏碱或石灰过多，硼被固定，易缺硼；土壤过分干燥，硼不易被吸收利用等。

3. 防治方法

① 土壤补硼。秋季或早春，结合施有机肥加入硼砂或硼酸。可据树体大小确定施肥量，一般为100～250克。每隔3～5年施1次。

② 树上喷硼。发芽前树体喷施1%～2%硼砂水溶液，或分别在花前、花期和花后各喷1次0.2%～0.3%硼砂水溶液。

（七）缺钙症

1. 症状

桃树对缺钙最敏感，主要表现在顶梢上的幼叶从叶尖端或中脉处坏死，严重缺钙时，枝条尖端以及嫩叶似火烧般坏死，并迅速向下部枝条发展。

2. 发生规律

钙在较老的组织中含量特别多，但移动性很小，缺钙时首先是根系生长受抑制，从根尖向上枯死。春季或生长季表现叶片或枝条坏死。枝异常粗短，顶端深棕绿色，花芽形成早，茎上皮孔胀大，叶片纵卷。

3. 防治方法

① 提高土壤中钙的有效性。增施有机肥料，酸性土壤施用适量的石灰，可中和土壤酸性，提高土壤中有效钙的含量。

② 土壤施钙。秋施基肥时，每株施500～1000克石膏（硝酸钙或氧化钙），与有机肥混匀，一并施入。

③ 叶面喷施。在砂质土壤上，叶面喷施0.5%的硝酸钙，重病树一般喷3～4次即可。

（八）缺锰症

1. 症状

桃树对缺锰敏感，缺锰时嫩叶和叶片长到一定大小后表现特殊的侧脉间褪绿。严重时，脉间有坏死斑，早期落叶，整个树体叶片稀少，果实品质差，有时出现裂皮。

2. 发生规律

碱性土壤，锰呈不溶解状态；酸性土壤，常由于锰含量过多，而造成中毒。春季干旱，易发生缺锰症。树体内锰和铁相互影响，缺锰时易引起铁过多症，锰过多时，易发生缺铁症。

3. 防治方法

① 增施有机肥，提高锰的有效性。

② 调节土壤pH值。在强酸性土壤中，避免施用生理酸性肥料，控制氮、磷的施用量。在碱性土壤中可施用生理酸性肥料。

③ 土壤施锰。将适量硫酸锰与有机肥料混合施用。

④ 叶面喷施锰肥。早春喷400倍硫酸锰溶液。

（九）缺镁症

1. 症状

缺镁时，较老的绿叶产生浅灰色或黄褐色斑点，位于叶脉间，严重时斑点扩大到叶边缘。初期症状出现褪绿，似缺铁，严重时引起落叶，从下向上发展，少数幼叶仍生长于梢尖。当叶脉间绿色消退，叶组织外观像一张灰色的纸，黄褐色斑点增大直至叶的边缘。

2. 发生规律

酸性土壤或砂质土壤中镁易流失，强碱性土壤中镁也会变成不可吸收态。施钾或磷过多，会引起缺镁症。

3. 防治方法

① 增施有机肥，提高土壤中镁的有效性。

② 土壤施镁。在酸性土壤中，可施镁石灰或碳酸镁，中和酸度。中性土壤可施用硫酸镁。也可每年结合施有机肥，混入适量硫

酸镁。

③ 叶面喷施。一般在6～7月份喷0.2%～0.3%的硫酸镁，效果较好。但叶面喷施可先做单株试验后再普遍喷施。

第四节 灌 溉

桃自萌芽开花到果实成熟都需要充足的水分供应。试验证明当土壤持水量在20%～40%时桃能正常生长，降到10%～15%时枝叶出现萎蔫现象。

一、灌水时期

1. 萌芽期和开花前

这次灌水的灌水量要大，以补充长时间的冬季干旱，使桃树萌芽、开花、展叶、提高坐果率和早春新梢生长，为扩大枝、叶面积作准备。

2. 花后至硬核期

灌水量应适中，不宜太多。此时枝条和果实均生长迅速，需水量较多，枝条生长量占全年总生长量的50%左右。但硬核期对水分很敏感，水分过多会导致新梢生长过旺，与幼果争夺养分，引起落果。

3. 果实膨大期

此时灌水要适量。一般是在果实采前20天左右，此期的水分供应充足与否对产量影响很大。此时早熟品种在北方还未进入雨季，需进行灌水。中、早熟品种成熟以后（石家庄地区6月底）已进入雨季，灌水与否以及灌水量视降雨情况而定。灌水过多，有时会造成裂果、裂核。

4. 休眠期

我国北方秋、冬干旱，在入冬前充分灌水，有利桃树越冬。灌水的时间应掌握在以水在田间能完全渗下去，而不在地表结冰为宜。石家庄地区以12月初为宜。

二、灌水方法

1. 地面灌溉

有畦灌和漫灌，在地上修筑渠道和垄沟，将水引入果园。我国大部分桃园采用此方法。

2. 喷灌

喷灌比地面灌溉省水30%～50%，喷布均匀、减少土壤流失，节省土地和劳力，便于机械化操作。

3. 滴灌

将灌溉用水在低压管系统中送达滴头，由滴头形成水滴后，滴入土壤而进行灌溉，用水量仅为沟灌的1/5～1/4，是喷灌的1/2左右，不破坏土壤结构，不妨碍根系的正常吸收，节省土地、增加产量。在我国缺水的北方，应用前途广阔。

三、灌水与防止裂果

1. 易裂果的品种

有些桃品种易发生裂果，如中华寿桃、21世纪，一些油桃品种也易发生裂果。

2. 水分与裂果的关系

试验表明，在果实生长发育过程中，尤其是接近成熟期时，如土壤水分含量发生骤变，裂果率增高；土壤一直保持相对稳定的湿润状态，裂果率较低。为避免果实裂果，要尽量使土壤保持稳定的含水量，避免前期干旱缺水，后期大水漫灌。

3. 防止裂果适宜的灌水方法

滴灌最理想，可为易裂果品种生长发育提供较稳定的土壤水分，有利于果肉细胞的平稳增大，减轻裂果。漫灌，应在整个生长期保持水分平衡，果实发育的第二次膨大期适量灌水，保持土壤湿度相对稳定。

第七章 桃树整形修剪

第一节 桃树整形修剪的原理及作用

一、整形修剪的概念

1. 整形

是指从桃幼树定植后开始，把每一株树都剪成既符合其生长结果特性，又适应于不同栽植方式、便于田间管理的树形，直到树体的经济寿命结束。

整形的主要内容包括以下三方面。

(1) 主干高低的确定　主干是指从地面开始到第一主枝的分枝处的高度。主干的高低和树体的生长速度、增粗速度呈反相关关系。栽培生产中，应根据桃建园地点的土层厚度、土壤肥力、土壤质地、灌溉条件、栽植密度、生长期温度高低、管理水平等方面进行综合考虑。一般情况下，有利于树体生长的因素越多，定干可高些，反之则低些。

(2) 骨干枝的数目、长短、间隔距离　骨干枝是指构成树体骨架的大枝（主枝和大的侧枝），选留的原则是在能满足占满空间的前提下，大枝越少越好，修剪上真正做到大枝亮堂堂，小枝闹嚷嚷。

(3) 主枝的伸展方向和开张角度的确定　主枝尽量向行间延伸，避免向株间方向延伸，以免造成郁闭和交叉，主枝的开张角度应根据密度来确定，密度越大，开张角度应该加大，密度小则角度应小，目的是有利于控制树冠的大小。

2. 修剪

修剪就是在桃树整形过程中和完成整形后，为了维持良好的树体结构，使其保持最佳的结果状态，每年都要对树冠内的枝条，冬季适度地进行疏间、短截和回缩，夏季采用抹芽、拉枝、扭梢、摘心等技术措施，以便在一定形状的树冠上，使其枝组之间新旧更替，结果不绝，直到树体衰老不能再更新为止，这就叫修剪。

二、整形修剪的目的

桃树整形修剪的目的是为了使果树早结果、早丰产，延长其经济寿命，同时获得优质的果品，提高经济效益，使栽培管理更加方便省工。具体有以下几点。

1. 通过修剪完成果树的整形

桃树通过修剪，使其有合理的干高，骨干枝分布均匀，伸展方向和着生角度适宜，主从关系明确，树冠骨架牢固，与栽培方式相适应，为丰产、稳产、优质打下良好的基础。同时通过修剪使树冠整齐一致，每个单株所占的空间相同，能经济地利用土地，并且便于田间的统一管理。

2. 调节生长与结果的关系

果树生长与结果的矛盾是贯穿于其生命过程中的基本矛盾。从果树开始结果以后，生长与结果多年同时存在，相互制约，对立统一，在一定条件下可以相互转化，修剪主要是应用果树这一生物学特性，对不同树种、不同品种、不同树龄、不同生长势的树，适时、适度地做好这一转化工作，使生长与结果建立起相对的平衡关系。

3. 改善树冠光照状况，加强光合作用

桃树所结果实中，90%～95%的有机物质都来自光合作用，因此要获得高产，必须从增加叶片数量、叶面积系数、延长光合作用时间和提高叶片光合率4个方面入手。整形修剪就是在很大程度上对上述因素发生直接或间接的影响。例如选择适宜的矮、小树冠，合理开张骨干枝角度，适当减少大枝数量，降低树高，拉大层间距，控制好大枝组等，都有利于形成外稀里密、上疏下密、里外透光的良好结构。另外，可以结合枝条变向，调整枝条密度，改善局部或整体光照状况，从而使叶片光合作用效率提高，有利于成花和提高果实品质。

4. 改善树体营养和水分状况，更新结果枝组，延长树体衰老

整形修剪对果树的一切影响，其根本原因都与改变树体内营养物质的产生、运输、分配和利用有直接关系。如重剪能提高枝条中水分含量，促进营养生长，扭梢、环剥可以提高手术部位以上的碳水化合物含量，从而使碳氮比增加，有利于花芽形成。通过对结果枝的更新，做到“树老枝不老”。

总之，整形与修剪可以对果树产生多方面的影响，不同的修剪方法，有不同的反应，因此，必须根据果树生长结果习性，因势利导，恰当灵活地应用修剪技术，使其在果树生产中发挥积极的作用。

三、修剪对桃树的作用

修剪技术是一个广义的概念，不仅包括修剪，还包括许多作用于枝、芽的技术，如抹芽、拉枝、扭梢、摘心、拉枝等技术工作。

整形修剪应可调整树冠结构的形成，果园群体与果树个体以及个体各部分之间的关系。而其主要作用是调节果树生长与结果。

1. 修剪对幼树的作用

修剪对幼树的作用可以概括成 8 个字，即整体抑制，局部促进。

(1) 局部促进作用　修剪后，可使剪口附近的新梢生长旺盛，叶片大，色泽浓绿。原因有以下几点。

① 修剪后，由于去掉了一部分枝芽，使留下来的逢生组织，如芽、枝条，得到的树体储藏养分相对增多。根系、主干、大枝是储藏营养的器官，修剪时对这些器官没影响，剪掉一部分枝后，使储藏养分与剪后分生组织的比例增大，碳氮比及矿质元素供给增加，同时根冠比加大，所以新梢生长旺，叶片大。

② 修剪后改变了新梢的含水量。据研究，修剪树的新梢、结果枝的含水量都有所增加，未结果的幼树水分增加得更多。水分改善的原因如下。

a. 根冠比加大，总叶面积相对减少，蒸腾量减少，生长前期最明显。

b. 水分的输导组织有所改善，因为不同枝条中输导组织不同，导水能力也不同，短枝中有网状和孔状导管，导水力差，剪后短枝减少，全树水分供应可以改善，长枝有环纹或罗纹导管，导水能力强，但上部导水能力差，剪掉枝条上部可以改善水分供应。因此在干旱地区或干旱年份修剪应稍重一些，可以提高果树的抗旱能力。

③ 修剪后枝条中促进生长的激素增加。据测定，修剪后的枝条内细胞激动素的活性比不修剪的高 90%，生长素高 60%，这些激素的增加，主要出现在生长季，从而促进新梢的生长。

（2）整体抑制作用　修剪可以使全树生长受到抑制，表现为总叶面积减少，树冠、根系分布范围减少，修剪越重，抑制作用越明显。其原因如下。

① 修剪剪去了一部分同化养分，修剪后，可剪去部分氮、磷、钾，很多碳水化合物也被剪掉了。

② 修剪时剪掉了大量的生长点，使新梢数量减少，因此叶片减少，碳水化合物合成减少，影响根系的生长，由于根系生长量变小，从而抑制地上部生长。

③ 伤口的影响，修剪后伤口愈合需要营养物质和水分，因此对树体有抑制作用，修剪量愈大，伤口愈多，抑制作用越明显。所以，修剪时应尽量减少或减小伤口面积。

修剪对幼树的抑制作用也因不同地区而有差异，生长季长的地区抑制作用较轻，反之较重。

幼树修剪的原则是，轻剪长放多留枝，小树助大；整形、结果两不误。

2. 修剪对成年树的作用

（1）成年树的特点　成年树的特点是枝条分生级次增多，水分、养分输导能力减弱，加以生长点多，叶面积增加，水分蒸腾量大，水分状况不如幼树。由于大部分养分用于花芽的形成和结果，使营养生长变弱，生长和结果失去平衡，营养不足时，会造成大量落花落果，产量不稳定。

此外成年树易形成过量花芽，过多的无效花和幼果白白消耗树体储藏营养，使营养生长减弱，随着树龄增长，树冠内出现秃壳现象，结果部位外移，坐果率降低，产量和品质降低，抗逆性下降。

(2) 修剪的作用 修剪的作用主要表现在以下方面。

① 通过修剪可以把衰弱的枝条和细弱的结果枝疏掉或更新，改善了分生组织与储藏养分的比例，同时配合营养枝短截，这样改善水分输导状况，增加了营养生长势力，起到了更新的作用，使营养枝增多，结果枝减少，光照条件得到改善，所以成年树的修剪更多地表现为促进营养生长、协调树体生长和结果的平衡关系，因此，连年修剪可以使树体健壮，实现两年丰产的目的。

② 延迟树体衰老。利用修剪经常更新复壮枝组，可防止秃裸，延迟衰老，对衰老树用重回缩修剪配合肥水管理，能使其更新复壮，延长其经济寿命。

③ 提高坐果率，增大果实体积，改善果实品质。这种作用对水肥不足的树更明显。而在水肥充足的树上修剪过重，营养生长过旺，会降低坐果率，果实变小，品质下降。

修剪对成年树的影响时间较长，因为成年树中，树干、根系储藏营养多，对根冠比的平衡需要的时间长。

第二节 果树整形修剪的依据、时期及方法

一、整形修剪的依据

要搞好桃树的整形修剪必须考虑以下几个因素。

1. 不同品种的特性

品种不同，其生物学特性也不同，如在萌芽率、成枝力、分枝

角度、枝条硬度、花芽形成难易、坐果率高低以及对修剪敏感程度等方面都有差异。因此，根据不同品种的生物学特性，切实采取针对性的整形修剪方法，才能做到因品种科学修剪，发挥其生长结果特点。

2. 树龄和树势

树龄和树势虽为两个因素，但树龄和生长势有着密切关系，幼树至结果前期，一般树势旺盛，或枝力强，萌芽率低，而盛果期树生长势中庸或偏弱，萌芽率提高。前者在修剪上应做到小树助大，实行轻剪长放多留枝，多留花芽多结果，并迅速扩大树冠。后者要求大树防老，具体做法是适当重剪，适量结果，稳产优质。但也有特殊情况，成龄大树也有生长势较旺的。当然对于旺树，不管树龄大小，修剪量都要小一些，不过对于大树可采取其他抑制生长措施如叶面喷施生长抑制剂等。

3. 修剪反应

修剪反应是制订合理修剪方案的依据，也是检验修剪好坏的重要指标。因为同一种修剪方法，由于枝条生长势有旺有弱，状态有平有直，其反应也截然不同。怎么看修剪反应，要从两个方面考虑，一个是要看局部表现，即剪口、锯口下枝条的生长，成花和结果情；另一个是看全树的总体表现，是否达到了你所要求的状况，调查过去哪些枝条剪错了，哪些修剪反应较好。因此，果树的生长结果表现就是对修剪反应客观而明确的回答。只有充分了解修剪反应之后，我们再进行修剪就会做到心中有数，做到正确修剪。

4. 自然条件和栽培管理水平

树体在不同的自然条件和管理条件下，果树的生长发育差异很大，因此修剪时应根据具体情况，如年均温度、降雨量、技术条件、肥水条件，分别采用适当的树形和修剪方法。如贫瘠、干旱地区的果园，树势弱、树体小、结果早，应采用小冠树形，定干低一些，骨干枝不宜过多、过长；修剪应偏重些，多截少疏，注意复壮树势，保留结果部位。在肥、水条件好的果园，加之高温、多湿、生长期长，土层深厚，管理水平低的果园，果树发枝多，长势旺，应采用大、中树形，树干也应高一些，并且主枝宜少，层间应大，修剪量要轻，同时加强夏季修剪，促花结果，以果压冠和解决光照。

5. 果树的栽植方式与整形修剪也有关

密植园和稀植园相比，树体要矮，树冠宜小，主枝应多而小，要注意以果压冠。稀植大冠树的修剪要求则正好相反。

二、修剪的时期和方法

(一) 修剪的时期

近年来，随着果树管理水平的提高、技术的更新及对修剪认识的深入，对果树的整形修剪越来越引起广大果农的重视。果树一年四季都可进行修剪，但根据年周期的气候特点，果树修剪时期一般分为冬季（休眠期）修剪和夏季（生长期）修剪。

1. 冬季修剪

(1) 时期 是指在果树落叶以后到萌芽以前，越冬休眠期进行的修剪，因此也叫休眠期修剪。优点是在这一时期，光合产物已经向下运输，进入大枝、主干及根系中储藏起来，修剪时养分损失少。严寒地区，可在严寒后进行，对于幼旺树，也可在萌芽期修剪，以削弱其生长势。实验表明，幼树在萌芽期修剪提高萌芽率10%～15%。

(2) 冬季修剪的主要任务 因年龄时期而定，各有侧重点。

① 幼树期间，主要是完成整形，骨架牢固，快扩大树冠。

② 初结果树，主要是培养稳定的结果枝组。

③ 盛果期树修剪主要是维持和复壮树势，更新结果枝组，调整花、叶芽比例。

2. 夏季修剪

又叫生长期修剪，是指树体从萌芽后到落叶前进行的修剪。主要是解决一些冬季修剪不易解决的问题，如对旺长树、对徒长枝的处理，早春抹芽、夏季摘心等，以及抹芽、扭梢、拿枝等促花措施。

（二）修剪的方法

1. 冬季修剪的方法

（1）短截　就是把一年生枝条剪去一部分，距芽上方0.5～1.0厘米，短截对全枝或全树来讲是削弱作用，但对剪口下芽抽生枝条起促进作用，可以扩大树冠，复壮树势，但枝条短截后可以促进侧芽的萌发，分枝增多，新梢停长晚，碳水化合物积累少，含氮、水分过多，全树短截过多、过重，会造成膛内枝条密集，光照变差。生产中要合理操作。

（2）疏间　将过密枝条或大枝从基部去掉的方法叫疏间。疏间一方面去掉了枝条，减少了制造养分的叶片，对全树和被疏间的大枝起削弱作用，减少树体的总生长量，且疏枝伤口越多，削弱伤口上部枝条生长的作用越大，对总体的生长削弱也越大；另一方面，由于疏枝使树体内的储藏营养集中使用，故也有加强现存枝条生长势的作用。

在扩冠期常用的疏间法主要有疏间直立枝留平斜枝、疏间强枝留弱枝、疏间弱枝留强枝、疏间轮生枝、疏间密挤枝等方法，以利于扩大树冠、平衡树势和提早结果。

疏间作用是维持原来的树体结构；改善树冠内膛的光照条件，提高叶片光合效能，增加养分积累，有助于花芽形成和开花结果。

疏枝效果和原则是对全树起削弱作用，从局部来讲，可削弱剪口、锯口以上附近枝条的势力，增强伤口以下枝条的势力，剪口、锯口越大、越多，这种作用越明显；从整体看疏枝对全树的削弱作用的大小，要根据疏枝量和疏枝粗度而定，去强留弱或疏枝量越多，削弱作用越大，反之，去弱留强，去下留上则削弱作用小，要逐年进行，分批进行。

（3）回缩　对二年生以上的枝在分枝处将上部剪掉的方法叫回缩。此法一般能减少母枝总生长量，促进后部枝条生长和潜伏芽的萌发。回缩越重，对母枝生长抑制作用越大，对后部枝条生长和潜伏芽萌发的促进作用越明显。在生长季节进行回缩，对生长和潜伏芽萌发的促进作用减小。回缩用于控制辅养枝、培养枝组、平衡树势、控制树高和树冠大小、降低株间交叉程度、骨干枝换头、弱树复壮等。

(4) 长放 对一年生长枝不剪，任其自然发枝、延伸称为长放或甩放、缓放。一般应用于处理旺幼树或旺枝，可使旺盛生长转变为中庸生长，增加枝量，缓和生长势，促进成花结果。长放平斜旺枝效果较好，长放直立旺枝时，必须压成平斜状才能取得较好的效果。

2. 夏季修剪的方法

(1) 花前复剪 就是在春季桃树萌芽后至开花之前对树体进行的修剪。主要目的是通过疏除多余辅养枝、过密枝和细弱枝等，调整枝条、花芽的数量和比例，达到花芽数量适中、质量优良、分布均匀，以减少开花期树体营养消耗，提高坐果率，促进幼果发育，减少疏花、疏果工作量，壮树增产。

① 适宜时期 花前复剪适宜在花芽萌动后至盛花前进行，最适宜时期是花芽膨大至花序分离期，此时花芽显著膨大、现蕾，花序逐渐分离，花芽与叶芽容易准确辨别，进行花前复剪既准确可靠，又方便快捷。

② 复剪对象 花前复剪的对象主要是盛果期密闭果园大树、生长势衰弱的结果树，以及发生冻害、雹灾、雪灾、水灾和严重落叶病的果园。

③ 技术要点

a. 根据品种、树势、单株花芽数量多少、冬剪程度和预期产量等，确定出花枝/叶枝、枝/果及复剪强度。一般壮树花枝和叶枝比为1∶2，枝果比为(2～3)∶1；弱树花枝和叶枝比为1∶3，枝果比为(3～4)∶1。

b. 因树制宜

(a) 对盛果期大树：以疏除树冠内膛密生、交叉、细弱、直立旺长枝以及树冠外围竞争枝、过密枝和主枝层间过渡辅养枝为主，对生长势弱的衰老结果树，多留强壮果枝结果，多疏除弱花枝，多短截中庸壮果枝，适当减少花枝数量。

(b) 对衰弱结果树：以疏除树冠内膛密生、交叉、细弱、直立旺长枝和树冠外围竞争枝、重叠过密枝为主，多短截中、长发育枝以减少当年成花数量，缓放中短、平斜中庸枝。

(2) 别枝、拉枝和软化　在发芽前后，将一年生以上的直立长放旺枝，从基部向下或左右弯曲，别在其他枝下叫别枝；若用绳等牵拉物下拉固定则为拉枝。二者都能起到增大分枝角度、控制枝条旺长及促进出枝的作用。

别枝和拉枝一般于6～7月份进行。主枝拉成80°～90°，辅养枝拉成水平。拉枝有利于降低枝条的顶端优势，提高枝条中下部的萌芽率，解决内膛光照及缓和树势、促进花芽形成等作用。

软化，即发芽后对较细的一、二年生直立长放枝，用手握住枝条自下而上多次移位并轻度折伤，使之向下或左右弯曲。也可在6～8月份对长新梢进行软化，加大角度，控制生长。软化能起到控制旺长和促发分枝的作用。

(3) 摘心　即摘掉新梢顶端的生长点。

作用机理是摘心去掉了顶端生长点和幼叶，使新梢内的GA、生长素含量急剧下降，失去了调动营养的中心作用，失去了顶端优势，使同化产物、矿质元素、水分的侧芽的运输量增加，促进了侧芽的萌发和发育，同时摘心后，由于营养有所积累，因此，摘心后剩余部分叶片变大、变厚、光合能力提高，芽体饱满，枝条成熟快。

摘心的效果及应用如下。

① 摘心可以提高坐果率，促进果实生长和花芽分化，但必须在器官生长的临界期进行摘心才有效。富士桃早期对果台副梢摘心，可明显提高坐果率，增大单果重。

② 摘心可以促进枝条组织成熟，基部芽体饱满，摘心时期可在新梢缓和生长期进行，在新梢停长前15天效果更明显，可以防止果树由于旺长造成的抽条，使果树安全越冬。

③ 摘心可以促使二次梢的萌发，增加分枝级次，有利于加速整形，但只适用于树势旺盛的树，进行早摘心、重摘心，能达到

目的。

④ 摘心可以调节枝条生长势，桃树上对竞争枝进行早摘心，可以促进延长枝的生长，对要控制其生长的枝条，可采用早摘心。

（4）扭梢　生长旺盛的新梢在半木质化时（5月中、下旬），在距基部5厘米左右处用手向下拧，转90°～180°，使之由拧处变为下垂或平生。拧梢能起到控制新梢旺长、促进顶部花芽形成和培养小型结果枝组的作用。拧梢多用于桃壮幼树，但不宜过多采用，以免枝叶密挤影响通风透光。可于第二年春剪去拧梢枝拧转处上部相当于直径1/3的枝条，减弱拧梢枝的生长势，促进花芽形成。

（5）化学控制生长　在新梢生长旺盛期，使用生长抑制剂能起到控长、促花作用。可于5月下旬到8月中旬喷220倍PBO或500～700倍多效唑，间隔1周，连续喷洒2～3次，可有效抑制新梢生长，同时还能促进营养物质的积累，有利于花芽分化和花芽质量。

第三节　桃树丰产树形要求及整形修剪应注意的问题

一、对丰产树形的要求

① 树冠紧凑，能在有效的空间，有效地增加枝量和叶片面积系数，充分利用光能和地力，发挥果树的生产潜能。

② 能使整个生命周期中经济效益增加，达到早果、丰产、优质高效、寿命长的目的。

③ 树形要适应当地的自然条件，适应市场对果品质量的要求。

④ 便于果园管理，提高劳动生产率。

二、树体结构因素分析

构成树体骨架的因素有树体大小、冠形、干高、骨干枝的延伸方向和数量。

1. 树体大小

树体大的优缺点是，树体大可充分利用空间，立体结果，经济寿命长，但成形慢，成形后，枝叶相互遮阳严重，无效空间加大，产量和品质下降，操作费工。

树体小的优缺点是，树体小可以密植，提高早期土地利用率，成形快，冠内光照好，果实品质好，但经济寿命短。

2. 冠形

桃树生产上常用树形有三主枝开心形、二主枝开心形、纺锤形、主干形几种。

3. 干高

低干30～40厘米/40～50厘米，低干是现在发展的趋势，低干缩短了根系与树叶的距离，树干养分消耗少，增粗快，枝叶多，树势强，有利于树体管理，有利于防风，干旱地区利于积雪保湿。

4. 骨干枝数量

主枝和侧枝统称为骨干枝，是养分运输、扩大树冠的器官。原则上在能够满足空间的前提下，骨干枝越少越好，但幼树期过少，短时间内，很难占满空间，早期光能利用率太低，到成龄大树时，骨干枝过多，则会影响通风透光。因此幼树整形时，树小时可多留辅养枝，树大时再疏去。

主枝的数目因不同桃树树形而不等。纺锤形和主干形没有主枝，直接着生结果枝组或结果枝。在主枝上选角度、方向合适的枝条培养成侧枝，侧枝的数目因树形而异。一般三主枝和株距较大的二主枝上有侧枝，树体越大，侧枝越多。株距小的二主枝开心形上基本上也没有侧枝。侧枝的角度要大于主枝，生长势要弱于主枝，在树体结构上形成层次。侧枝是结果枝组的载体。

5. 辅养枝

辅养枝实际上是临时性结果枝组，其作用是辅助主枝、侧枝乃至整个树体的生长。在幼树整形期间，枝量大，幼树生长快，所以除主枝、侧枝之外，保留几个辅养枝，以增加营养面积，加速树冠的扩大。但辅养枝不能喧宾夺主，如果辅养枝的生长影响主枝的生长，就要逐渐回缩，随着主、侧枝逐年长大，辅养枝逐年缩小，3年之内将辅养枝疏除。不宜留大的辅养枝。

6. 主枝的分枝角度

主枝分枝角度的大小对结果的早晚、产量、品质有很大影响，是整形的关键之一。角度过小，表现出枝条生长直立，顶端优势强，易造成上强下弱势力，枝量小，树冠郁闭，不易形成花芽，易落果，早期产量低，后期树冠下部易光秃，同时角度太小易形成夹皮角，负载量过大时易劈裂。角度过大，主枝生长势弱，树冠扩大慢，但光照好，易成花，早期产量高，树体易早衰。

三、主干高度的选择

主干高低直接影响果园的空间利用、通透状况、产量高低、品质优劣以及果园作业效率。主干过低不利于果园管理作业，又降低了果园的通风透光性，主枝中下部距地面过低，湿度大，通风不良，光照不足，新梢生长弱，花芽分化不良，坐果率低，果实品质差。

一般密植园的主干高度以50厘米为宜，高度密植园50～60厘米，超高密植园应提高60～70厘米。

四、树体大小的控制

树体生长接近设定树体的大小时，为防止树体郁闭，结果部位外移，内膛秃裸，修剪时对于主枝延长枝的修剪应去大留小，去强留弱。

五、结果枝组的合理配置

1. 结果枝组分类

结果枝组是着生在主、侧枝上的结果单位，按其占有空间大小、着生结果枝数量多少分为大、中、小三类。

(1) 大型枝组 所占空间大，一般由10个以上的结果枝构成，结果量多，寿命长。

（2）小型枝组　所占空间小，一般由 3 个以下结果枝构成，结果少，寿命短，一般在 3～5 年内衰亡。

（3）中型枝组　介于二者之间，各类枝组在培养、发展、衰亡过程中可以相互转化。

2. 结果枝组的合理配置

（1）一般应大、中、小型枝组相间配置　在高度密植栽培中，以中、小型枝组为主；超高密栽培中，每株树的总枝量就相当于 1～2 个大型枝组枝量。

（2）枝组之间需保持一定间距　同方向的大型枝组之间应相距 60～80 厘米，中型枝组 30～40 厘米。主枝背上以中、小型枝组为主，背后及两侧以中、大型为主。

第四节　桃树几种丰产树形及成形过程

一、三主枝开心形

适合于株行距 3～4 米×4～5 米的栽植方式，是目前露地栽培桃树的主要树形之一。

1. 树体结构及优点

主干高 30～50 厘米，主干上分生三主枝，互成 120°，主枝开张角度 55°～60°，每个主枝上培养 2～3 个侧枝，开张角度 70°～80°。

① 主枝少，骨干枝间距离大，光照好。

② 结果枝组寿命长。

③ 树体较易培养和控制。

④ 丰产稳产，树体寿命长。

2. 成形过程

① 定干。成苗定干高度为 50～70 厘米，剪口下 20 厘米内要有 5～6 个以上饱满芽。

② 第一年冬季修剪，选出 3 个错落的主枝，互成 120°，主枝尽量伸向行间。短截到饱满芽处，剪口留背下芽。

③ 第二年冬季修剪，在每个主枝上同一侧（1 米左右）选出第一侧枝。

④ 第三年冬季修剪，在每个主枝上另外一侧（间隔 1 米左右）选出第二侧枝。

⑤ 第四、五年，对主枝延长枝剪留长度 40～50 厘米。为增加分枝级次，生长期可进行两次摘心。生长期用拉枝等方法，开张角度，控制旺长，促进早结果。

二、二主枝开心形（Y 字形，丫字形）

适于露地密植（大行距，小株距）和设施栽培，是目前桃树生产中提倡应用和推广的树形（图 7-1）。

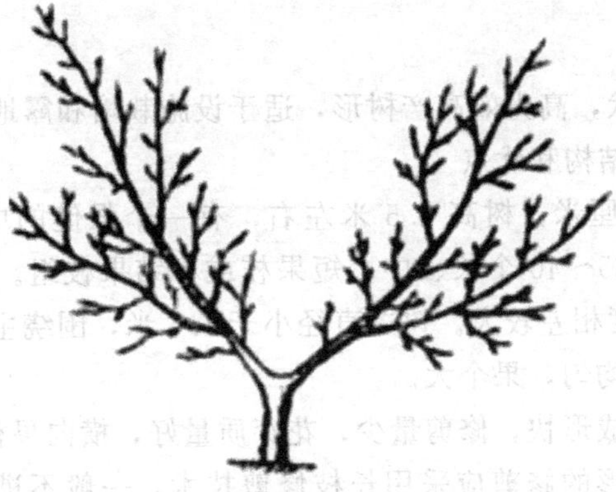

图 7-1 桃树二主枝开心形树体结构

1. 树体结构及优点

树高 2.0 米，干高 50～60 厘米，全树只有 2 个主枝，配置在相反的位置上，两主枝呈 180°伸向行间。在距地面 1 米处培养第一侧枝，第二侧枝在距第一侧枝 50～70 厘米处培养，方向与第一侧枝相反。两主枝的角度是 60°左右，侧枝的开张角度为 80°，侧枝与主枝的夹角保持约 60°。在主枝和侧枝上配置结果枝组和结果枝。

① 成形容易，早结果，丰产性强。

② 光照条件好，果实品质高。

③ 有利于机械化作业，提高生产效率。

④ 树形整齐一致，便于田间统一管理。

2. 二主枝开心形树体成形过程

① 成苗定干高度 70 厘米，在 10 厘米的整形带内选留 2 个对侧的枝条作为主枝。

② 第一年冬剪，主枝拉枝长放或剪留长度 50～60 厘米，剪口留背下芽。

③ 第二年冬剪，选出第一侧枝。

④ 第三年冬剪，在第一侧枝对侧选出第二侧枝。

⑤ 其他枝条按培养枝组的要求修剪，到第四年树体基本形成。

三、主干形

又叫柱状，高光效高产树形，适于设施栽培和露地密植栽培。

1. 树体结构和优点

主干 60 厘米，树高 2.5 米左右，有一个强健的中央领导干，上直接着生 25～40 个长、中、短果枝或小结果枝组。果枝的粗度与主干的粗度相差较大。树冠直径小于 1.5 米，围绕主干结果。

① 受光均匀，果个大。

② 桃树成形快，修剪量少，花芽质量好，横向果枝更新容易。

③ 该树形的修剪应采用长枝修剪技术，一般不进行短截。在露地栽培条件下，应选用有花粉、丰产性强的中晚熟品种。早熟品种采收后仍正值高温高湿季节，由于没有果实的压冠作用，新梢生长量大，难于有效控制。无花粉品种如在花期遇不良气候，会影响坐果率，果少易导致营养生长过旺，树体上部直立枝和竞争枝多，适宜结果枝少。

2. 成形过程

① 要求苗木质量要高，达到 1.2 米以上，粗度直径 1.5 厘米左右。第一年成苗定植后不定干，如苗木上副梢基部有芽的，可直接将其疏除，基部没芽的可将副梢留一个芽重短截，一般当年可在

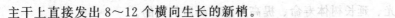

主干上直接发出 8～12 个横向生长的新梢。

对顶端新梢上发出的二次副梢，也应注意加以控制，以防止对中央干延长头产生竞争。当年冬季修剪一般仅采用疏枝与长放两种方法。对于适宜结果枝不进行短截，利用其结果。疏除其他不适宜的结果枝，对中心干延长头不短截，并疏除其附近的结果枝。一般当年选留 5～10 个结果枝，多少因树体大小而异。

② 第二年生长季整形修剪主要任务是培养直立粗壮的主干，形成足够的优良结果枝。一般情况下，第二年树体高度可以达到 2.5 米，已有 30 个以上结果枝。第二年冬季修剪主要任务是控制主干延长头，一般不短截，可在顶部适当多留细弱果枝，以果压冠，并疏除粗枝。树体达到高度后，一般修剪后全树应留 20～35 个结果枝。

第五节 桃树整形修剪技术的创新点

一、注意调节各部位生长势之间的平衡关系

每一株树，都由许多大枝和小枝、粗枝和细枝、壮枝和弱枝组成，而且有一定的高度，因此，在进行修剪时，要特别注意调节树体枝、条之间生长势的平衡关系，避免形成偏冠、结构失调、树形改变、结果部位外移、内膛秃裸等现象。要从以下三个方面入手。

1. 上下平衡

在同一株树上，上下都有枝条，但由于上部的枝条光照充足，通风透光条件好，枝龄小，加之顶端优势的影响，生长势会越来越强；而下部的枝条，光照不足，开张角度大，枝龄大，生长势会越来越弱，如果修剪时不注意调节这些问题，久而久之，会造成上强下弱树势，结果部位上移，出现上大下小现象，给果树管理造成很大困难，果实品质和产量下降，严重时会影响果树的寿命。整形修剪时，一定要采取控上促下，抑制上部、扶持下部，上小下大，上稀下密的修剪方法和原则，达到树势上下平衡、上下结果、通风透

光、延长树体寿命、提高产量和品质的目的。

2. 里外平衡

生长在同一个大枝上的枝条，有里外之分。内部枝条见光不足，结果早，枝条年龄大，生长势逐渐衰弱；外部枝条见光好，有顶端优势，枝龄小，没有结果，生长势越来越强，如果不加以控制，任其发展，会造成内膛结果枝干枯死，结果部位外移，外部枝条过多、过密，造成果园郁闭。修剪时，要注意外部枝条去强留弱、去大留小、多疏枝、少长放；内部枝去弱留强、少疏多留、及时更新复壮结果枝组，达到外稀里密、里外结果、通风透光、树冠紧凑的目的。

3. 相邻平衡

中央领导干上分布的主枝较多，开张角度有大有小，生长势有强有弱，粗度差异大。如果任其生长，结果会造成大吃小、强欺弱、高压低、粗挤细的现象，影响树体均衡生长，造成树干偏移、偏冠、倒伏、郁闭等不良现象，给管理带来很大的麻烦。修剪时，要注意及时解决这一问题，通过控制每个主枝上枝条的数量和主枝的角度两个方面，来达到相邻主枝之间的平衡关系，使其尽量一致或接近，达到一种动态的平衡关系。具体做法是粗枝多疏枝、细枝多留枝；壮枝开角度、多留果，弱枝抬角度、少留果。坚持常年调整，保持相邻主枝平衡，树冠整齐一致，每个单株占地面积相同，大小、高矮一致，便于管理，为丰产、稳产、优质打下牢固的骨架基础。

二、整形与修剪技术水平没有最高，只有更高

在果园栽植的每一棵树，在其生长、发育、结果过程中，与大自然提供的环境条件和人类供给的条件密不可分。环境因素很多，也很复杂，包括土壤质地、肥力、土层厚薄、温度高低、光照强弱、空气湿度、降雨量、海拔高度、灌水和排水条件、灾害天气等。人为影响因素也很多，包括施肥量、施肥种类，要求产量高低、果实大小和色泽、栽植密度等，还有很多很多，上述因素，都

对整形和修剪方案的制订、修剪效果的好坏、修剪的正确与否等产生直接或间接的影响，而且这些影响有时当年就能表现出来，有些影响要几年、甚至多年以后才能表现出来。举一个例子说明修剪的复杂性和多变性，我们国家20世纪60年代末期，在北京南郊的一个丰产桃园举行果树冬季修剪比武大赛，要求有苹果树栽植的省、市各派两个修剪高手参加，每个人修剪5棵树，1年后，根据树体当年的生长情况和产量、品质等多方面的表现，综合打分，结果是北京选手得了第一名和第二名，其他各地选手都不及格。难道其他的选手修剪技术水平差吗？绝对不是，而是他们不了解北京的气候条件和管理方法，只是照搬照抄各自当地的修剪方法导致这一结果。这个例子充分说明一件事，果树的修剪方法必须和当地的环境条件及人为管理因素等联系起来，综合运用，才能达到理想的效果。所以说，修剪技术没有最高，而是必须充分考虑多方面的因素对果树产生的影响，才能制定出更合理的修剪方法。不要总迷信别人修剪技术高，我们常说“谁的树谁会剪”就是这个道理。

三、修剪不是万能的

果树的科学修剪只是达到果树管理丰产、优质和高效益的一个方面，不要片面夸大修剪的作用，把修剪想得很神秘，搞得很复杂，有些人片面地认为，修剪搞好了，就所有问题都解决了，修剪不好，其他管理都没有用，这是完全错误的想法。只有把科学的土、肥、水管理，合理的花果管理，综合的病虫害防治等方面的工作和合理的修剪技术有机地结合起来，才能真正把果树管好了。一好不算好，很多好加起来，才是最好。对于果树修剪来说，就是这个道理。

四、果树修剪一年四季都可以进行，不能只进行冬季修剪

果树修剪是指果树地上部一切技术措施的统称，包括冬季修剪的短截、疏枝、回缩、长放；也包括春季的花前复剪，夏季的扭梢、摘心、环剥；秋季的拉枝、拐枝等技术措施。有些地方的果农

朋友只搞冬季修剪，而生长季节让果树随便长，到了第二年冬季又把新长的枝条大部分剪下来。这种做法的错误是，一方面影响了产量和品质（把大量光合产物白白地浪费了，没有变成花芽和果实）；另一方面浪费了大量的人力和财力（买肥、施肥）。果农朋友们，这种只进行冬季修剪的做法已经落后了。当前最先进的果树修剪技术是加强生长季节的修剪工作，冬季修剪作为补充，谁的果树做到冬季不用修剪，谁的技术水平更高。笔者把果树不同时期的修剪要点总结成四句话告诉果农朋友，即冬季调结构（去大枝），春季调花量（花前复剪），夏季调光照（去徒长枝、扭梢、摘心），秋季调角度（拉枝、拿枝）。

第八章　花果管理技术

第一节　授粉与坐果

一、影响授粉和坐果的因素

1. 品种

不同品种的自然坐果率和自花结实率有一定差异。一般有花粉品种坐果率高，生产中不需配置授粉品种，也不需要进行人工授粉。但无花粉品种坐果率相对较低。有些无花粉品种，如八月脆、仓方早生、丰白、红岗山和早凤王等，要想获得理想产量，必须在配置足够授粉树的基础上，加强人工授粉。

2. 花器质量

花芽分化好，冬季树体营养储存充足时，花质量高，柱头接受花粉能力强，坐果率高。

3. 气候因素

花期温度18℃左右，花期持续时间长，坐果率高；花期温度高于25℃，花期较短，坐果率低。花期微风，利于授粉，但遇大风，不利授粉。

二、落果阶段

某些品种或者个别年份会因为落花落果过多而影响产量。桃树落果一般集中在三个阶段。

① 花后1～2周，花期不能正常授粉。

② 花后3～4周，授粉受精不良导致幼胚发育不完全，不能正

常产生果实发育所需的激素。

③ 果实硬核期，缺乏足量氮素和碳水化合物来合成蛋白质而导致胚发育终止造成。

三、提高坐果率的措施

① 加强秋季采后管理，减少秋季落叶；改善树冠透光度，增加树体储藏营养，促进花器官发育充实，提高花粉发芽力。

② 硬核期开始后不宜大量灌水；避免大量追施氮肥，应与磷肥、钾肥配合施用；适当早疏果，合理稀疏树冠，增加光照，提高叶片光合能力。

③ 花期喷洒生长素，如用 20 毫克/升的 2,4-D 和萘乙酸，用 1000 毫克/升赤霉素等可提高坐果率。

四、人工授粉

无花粉品种的自然坐果率仅为 0.1%～8%，需要配置授粉品种并进行人工授粉。无花粉品种主要有深州蜜桃、新川中岛、仓方早生、砂子早生、京选三号、红岗山、早凤王、北京 33 号等。

1. 采花蕾

选择健壮、花粉量大、花期稍早于无花粉品种的桃树品种，摘取含苞待放的花蕾（大气球期）。不能太早或太迟。

2. 制粉

从花蕾中剥出花药，除去花瓣、花丝等杂质。将花药薄薄地铺于表面较光亮的纸上，置于室内阴干。24 小时左右，花药自动裂开，花粉散出，备用。

3. 授粉

在初花期至盛花期进行。人工点授。用容易黏上花粉的软海绵或纸捻等蘸上花药，垫手柱头，逐花进行。应授刚开的花（白色），粉色或红色的花的柱头经受花粉能力已下降。长果枝，应授中上部的花。一天内都可授粉。全园一般进行 2～3 次。

第二节　疏花与疏果

一、疏花疏果的意义

通过疏花疏果能克服大小年，提高产量，提高果实品质，减轻病害。

1. 克服大小年，提高产量

疏花疏果可使果树连年稳产，保证果树合理负载量，减轻果实生长与花芽分化、树体生长之间的营养竞争的矛盾，减轻果实种子产生赤霉素对花芽分化的抑制作用，从而保证足够的花芽分化和中庸树体，以达到连年稳产、提高产量的目的。

2. 提高坐果率

通过疏花疏果，可以调节储藏养分的分配，增加有效花的数量，提高坐果率。

3. 提高果实品质

疏掉病虫果，减少病虫果和畸形果数量，加大果个。

二、疏花疏果的时期

1. 疏花时期

疏花在开花前进行或整个开花期进行。对易受冻害品种、无花粉品种和处在易受晚霜、风沙、阴雨等不良气候影响地区的桃树，一般不进行疏花。

目前，我国桃树生产上一般只疏果不疏花，因为绝大多数桃园都采用短截修剪的方法，通过冬季修剪已去掉了多余的花芽，调整了花量。若冬季对果枝采用长放修剪，则应疏花疏果并重，但在春季气候不稳定的地区或年份仍应以疏果为主。

2. 疏果时期

疏果时期与桃品种当年花期气候好坏有关。坐果率高的品种要早疏，坐果不好的品种可以适当晚疏。成年树要早疏，幼年树可以适当晚疏。有大小年现象的果园，大年早疏，小年晚疏。

桃疏果分 2 次进行。

第一次疏果一般在落花后 2 周左右，能辨出大小果时方可进行。留果量为最后留果量的 3 倍。

第二次疏果，即定果，是确定当年的留果数量。一般在完成第一次疏果后就开始进行定果，大约在花后 1 个月左右进行，硬核之前结束。

三、疏花疏果的方法

1. 疏花方法

疏花是疏去晚开花、畸形花、朝天花和无枝叶的花。要求留枝条上中部的花，疏花量一般为总花量的 1/3。

2. 疏果方法

① 疏果时要先疏除萎黄果、小果、病虫果、畸形果、并生果、枝杈处无生长空间的果，其次是朝天果、附近无叶片的果和短圆形的果。

② 一般长果枝留果 2～4 个（大中型果留 2 个，小型果留 3～4 个），中果枝留 1～3 个（大中型果留 1～2 个，小型果留 2～3 个），短果枝留 1 个或不留（大中型果每 2～3 个果枝留 1 个果，小型果每 1～2 个果枝留 1 个果）。弱果枝和花束状果枝一般不留果，预备枝不留果。

③ 可根据果间距留果，果间距为 15～20 厘米，依果实大小而定。

④ 树体上部的结果枝适当多留果，下部的结果枝要少留果，以果控制旺长，均衡树势。树势强的树多留果，树势弱的树少留果。

⑤ 疏果顺序应从树体上部向下，由膛内而外逐枝进行，以免漏疏。

第三节 果实套袋

一、套袋的主要作用

① 防止梨小食心虫、桃小食心虫、桃蛀螟、炭疽病、褐腐病

等对中、晚熟品种果实的为害。

② 有效降低农药残留，生产合格的绿色果品。

③ 使果面更干净，着色更均匀，色泽更鲜艳，果实的商品性更好，销售价格更高。

④ 套袋可防止果肉中形成红色素，是生产优质罐桃原料的重要措施。

二、适宜套袋的品种

自然情况下着色不鲜艳的晚熟品种（如燕红）、自然情况下不易着色的品种（如深州蜜桃、肥城桃等）、易裂果的品种（如中华寿桃、燕红、21 世纪、华光等）、加工制罐头品种（如金童系列品种），在一些早熟或中熟品种上也进行套袋，如糟卤蟠桃和大久保等。

三、套袋

1. 套袋时期

套袋在定果之后开始，到主要蛀果害虫发生之前完成。套袋前应喷洒一遍杀虫剂和杀菌剂，杀死果实上的虫卵和病菌。先套早、中熟品种和坐果率高、不易落果的品种，后套坐果率低的品种。

2. 纸袋

纸袋可到市场上采购桃树专用袋或直接到厂家定做。

3. 套袋方法

套袋时应按枝由上而下、由内向外的顺序进行。将袋口连着枝条用麻皮和铅丝扎紧，专用纸袋在制作时已将 3 厘米左右的铅丝嵌入袋上。无论绳扎或铅丝扎袋口均需扎在结果枝上，扎在果柄处易造成压伤，引起落果。着色品种可以选用白色、浅黄色的单层袋，采前不需撕袋，果实采收时将果袋一并摘下；对着色很深的品种以及晚熟品种，可以套用深色的双层袋，果实成熟前一周左右撕袋着色，增加亮度。将袋口连着枝条用线绳或铁丝紧紧缚上，将线绳或铁丝扎袋口时需扎在结果枝上，扎在果柄处易造成压伤或落果（图 8-1）。

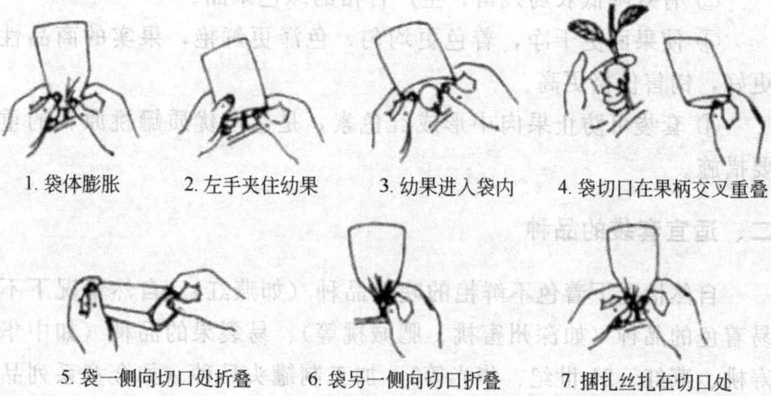
1. 袋体膨胀
2. 左手夹住幼果
3. 幼果进入袋内
4. 袋切口在果柄交叉重叠
5. 袋一侧向切口处折叠
6. 袋另一侧向切口折叠
7. 捆扎丝扎在切口处

图 8-1　桃果实套袋操作

（引自种桃技术 100 问）

第四节　采　　收

桃果实不耐储运，须根据运输与销售的需要适时采收。生产上将桃的成熟度分为四种。

1. 七成熟

底色绿，果实充分发育。果面基本平展无坑洼，中、晚熟品种在缝合线附近有少量坑洼痕迹，果面毛茸较厚。

2. 八成熟

绿色开始减退，呈淡绿色，俗称发白。果面丰满，毛茸减少，果肉稍硬。有色品种阳面有少量着色。

3. 九成熟

绿色大部褪尽，呈现品种本身应有的底色，如白、乳白、橙黄等。毛茸少，果肉稍有弹性，芳香，表现品种风味特性。有色品种大面积着色。

4. 十成熟

果实毛茸易脱落，无残留绿色。软溶质桃果肉柔软多汁，硬肉桃果肉开始变面，不溶质桃果肉呈现较大弹性。

一般就近销售在八至九成熟时采收，远距离销售于七至八成熟时采收。硬肉桃、不溶质桃可适当晚采，而溶质桃，尤其是软溶质桃必须适当早采。加工用桃应根据具体加工要求适时采收。

采收桃果必须仔细。用手掌握全果轻轻掰下，切不可用手指压捏果实。全树果实成熟度不一致时，要分期分批采摘。盛果篮和篓要用有弹性的麻布或蒲包衬垫，防止刺伤果实。

桃果的包装容器一般用纸箱，纸箱的强度要足够大，在码放和运输过程中不能变形。纸箱容积不宜过大，以每箱装 10～15 千克为宜。装箱时要按销售要求严格分级，果实码放要紧凑，不留空间。

第九章　桃树病虫害防治技术

第一节　果树病害的发生与侵染

一、果树病害的发生

1. 发生原因

引起果树病害的因素可分为生物因素和非生物因素两大类。

（1）生物因素　生物因素主要有真菌、细菌、病毒和类病毒、线虫和寄生性种子植物等。其中真菌和细菌统称为病原菌，病原生物因素导致的病害称为传（侵）染性病害。

（2）非生物因素　非生物因素包括极端温度（温度过高或过低）、极端光照（日照不足或过强）、极端土壤水分、营养物质的缺乏或过多、空气中有害气体、土壤过酸或过碱、缺素或过剩、农药使用不当、化肥使用不当和植物生长调节剂使用过多等。非生物因素导致的病害称为非传（侵）染性病害，又称生理性病害。

2. 果树发病的条件

病害的发生需要病原、寄主和环境条件的协同作用。

环境条件本身可引起非传染性病害，同时又是传染性病害的重要诱因，非传染性病害降低寄主植物的生活力，促进传染性病害的发生；传染性病害也削弱寄主植物对非传染性病害的抵抗力，促进非传染性病害的发生。

二、果树病害的病状

果树病害的病状主要分为变色、坏死、腐烂、萎蔫、畸形 5 个类型。

1. 变色

植物生病后局部或全株失去正常的颜色称为变色。变色主要由于叶绿素或叶绿体受到抑制或破坏，色素比例失调造成的。变色主要发生在叶片、花及果实上。

褪绿：整个叶片或其一部分均匀地变色。由于叶绿素的减少而使叶片表现为浅绿色。

黄化：当叶绿素的量减少到一定程度就表现为黄化。

紫叶或红叶：整个或部分叶片变为紫色或红色。

花叶：叶片颜色不均匀变化，界限较明显，呈绿色与黄色或黄白色相间的杂色叶片。

花脸：果实上颜色不正常变化时，多形成花脸。

2. 坏死

器官局部细胞组织死亡，仍可分辨原有组织的轮廓。

叶斑：坏死部分比较局限，轮廓清晰，有比较固定的形状和大小。据坏死斑点形状，分为圆斑、角斑、条斑、环斑、轮纹斑、不规则形斑等；据坏死斑点颜色，分为灰斑、褐斑、黑斑、黄斑、红斑、锈斑等。

叶枯：坏死区没有固定的形状和大小，可蔓延至全叶。

叶烧：水孔较多的部位如叶尖和叶缘枯死。

炭疽：叶片和果实局部坏死，病部凹陷，上面常有小黑点。

疮痂和溃疡：病斑表面粗糙甚至木栓化。病部较浅、中部稍突起的称为疮痂；病部较深（如在叶上常穿透叶片正反面）、中部稍凹陷、周围组织增生和木栓化的称为溃疡。

顶死（梢枯）：木本植物枝条从顶端向下枯死。

立枯和猝倒：立枯和猝倒主要发生在幼苗期，幼苗近土表的茎组织坏死。整株直立枯死的称为立枯；突然倒伏死亡的称为猝倒。

3. 腐烂

植物器官大面积坏死崩溃，看不出原有组织的轮廓。果树的根、茎、叶、花、果都可发生腐烂，幼嫩或多肉组织则更容易发生。

干腐：细胞坏死所致。腐烂发生较慢或病组织含水量低，水分可以及时挥发。

湿腐：细胞坏死所致。腐烂发生较快或病组织含水量高，水分不能及时挥发。

软腐：胞间层果胶溶化，细胞离析、消解。

流胶：局部受害流出细胞组织分解产物。

根据腐烂发生的部位，可分为根腐、茎（干）腐、果腐、花腐、叶腐等。

4. 萎蔫

植物地上部分因得不到足够的水分，细胞失去正常的膨压而萎垂枯死。病害所致的萎蔫原因有水分的吸收和输导机能受到破坏，如根部坏死腐烂、茎基部坏死腐烂、导管堵塞或丧失输水功能等。水分散失过快所致，如高温或气孔不正常开放加快蒸腾作用也可导致萎蔫。

5. 畸形

果树的外部形态因病而呈现的不正常表现称为“畸形”。果树病害的畸形主要有丛枝、扁枝、发根、皱缩、卷叶、缩叶、瘤肿、纤叶、小叶、缩果等。

三、果树病害的病症

病症种类很多，见表 9-1。

（1）粉状物　病原真菌在病部表面呈现出的各种粉状结构，常见的有白粉状物、红粉状物等。

（2）霉状物　病原真菌在病部表面呈现出的各种霉状物，常见的有霜霉、黑霉、灰霉、青霉、绵霉等。

（3）粒状物　病原真菌附着在病部表面的球形或近球形颗粒状结构，多为黑褐色。

（4）点状物　病原真菌从病部表皮下生长出来的黑褐色至黑色的小点状结构，突破或不突破表皮。

表 9-1 病症种类

病症类型	病原生物种类				
	真核菌	细菌	病毒	线虫	寄生性种子植物
1. 粉状物	+	−	−	−	−
2. 霉状物	+	−	−	−	−
3. 粒状物	+	−	−	+	−
4. 点状物	+	−	−	+	−
5. 盘状物	+	−	−	−	−
6. 索状物	+	−	−	−	+
7. 脓状物	−	+	−	−	−

注："+"表示有，"−"表示无。

(5) 索状物　病原真菌附着在病部表面的绳索状结构，颜色变化较大。

(6) 角状物及丝状物　从点状物上长出来的角状或丝状结构，单生或丛生，多为黄色至黄褐色，如各种果树的腐烂病等。

(7) 伞状物及马蹄状物　病原真菌从病根或病枝干上长出的伞状或马蹄状结构，常有多种颜色，如果树根朽病、木腐病等。

(8) 管状物　从病斑上生出的长5～6毫米的黄褐色细管状结构。

(9) 脓状物　从病斑内部溢出的病原物黏液。有的为细菌病害的特有病症，称为"溢脓"或"菌脓"，干燥后呈胶状颗粒；有的是真菌孢子与胶体物质的混合物，常从点状物上溢出，呈黏液状，多为灰白色和粉红色，如各种果树的炭疽病（粉红色）等。

四、病害侵染过程

侵染过程是植物个体遭受病原物侵染后的发病过程，包括病原物与寄主植物可侵染部位接触，侵入寄主植物，在植物体内繁殖和扩展，发生致病作用，显示病害症状的过程，称病程。病程可分为接触期、侵入期、潜育期和发病期四个时期。

1. 接触期

是病原物与寄主接触，或到达能够受到寄主外渗物质影响的根围或叶围后，向侵入部位生长或运动，形成某种侵入结构的一段时间。

真菌孢子、菌丝、细菌细胞、病毒粒体、线虫等可以通过气流、雨水、昆虫等各种途径传播。

病原物在接触期受寄主植物分泌物、根围土壤中其他微生物、大气的湿度和温度等复杂因素的影响。如植物根部的分泌物可促使病原真菌、细菌和线虫等或其他休眠体的萌发或引诱病原的聚集，有些腐生的根围微生物能产生抗菌物质，可抑制或杀死病原物。

接触期病原物除受寄主本身的影响外，还受到生物的和非生物的因素影响。传播过程中只有少部分传播体被传播到寄主的可感染部位，大部分落在不能侵染的植物或其他物体上。并且病原物必须克服各种不利因素才能进一步侵染，所以该期是病原物侵染过程的薄弱环节，是防止病原物侵染的有利阶段。

2. 侵入期

病原物的种类不同，侵入途径和方式也不同。

(1) 侵入途径

① 直接侵入　病原物直接穿透寄主的角质层和细胞壁的过程。

② 自然孔口侵入　植物体表有许多自然孔，如气孔、水孔、皮孔、蜜腺等。许多真菌和细菌是由某一或几种孔口侵入，以气孔侵入最普遍。

③ 伤口侵入　包括机械、病虫等外界因素造成的伤口和自然伤口，如叶痕和支根生出处。

(2) 侵入方式

① 真菌　大都以孢子萌发形成的芽管或者以菌丝侵入，有的还能从角质层或者表皮直接侵入。真菌不论是从自然孔口侵入或直接侵入，进入寄主体内后孢子和芽管里的原生质随即沿侵染丝向内输送，并发育成为菌丝体，吸取寄主体内的养分，建立寄生关系。

② 细菌　主要通过自然孔口和伤口侵入。细菌个体可以被动地落到自然孔口里或随着植物表面的水分被吸进孔口；有鞭毛的细菌靠鞭毛的游动也能主动侵入。

③ 病毒　靠外力通过微伤或昆虫的口器，与寄主细胞原生质

接触完成侵入。

(3) 侵入所需环境条件　病原菌完成侵入需要相适应的环境条件。主要是湿度和温度，其次是寄主植物的形态结构和生理特性。

① 湿度　大多数真菌孢子的萌发、细菌的繁殖以及游动孢子和细菌的游动都需要在水滴里进行。高湿度下，寄主愈伤组织形成缓慢，气孔开张度大，水孔泌水多而持久，降低了植物抗侵入的能力，对病原物的侵入有利。所以果园栽培管理方式如开沟排水、合理修剪、合理密植、改善通风透光条件等，是控制果树病害的有效措施之一。

② 温度　影响孢子萌发和侵入的速度。真菌孢子有最高、最适和最低萌发温度。超出最高和最低温度范围，孢子便不能萌发。

(4) 侵入期所需时间和接种体数量　病毒的侵入与传播瞬时即完成。细菌侵入所需时间也较短，在最适条件下，不过几十分钟。真菌侵入所需时间较长，大多数真菌在最适应的条件下需要几小时，但很少超过 24 小时。

一般侵入的数量大，扩展蔓延较快，容易突破寄主的防御作用。细菌的接种量和发病率呈正相关，病毒侵入后能否引起感染也和侵入数量有关，一般需要一定的数量才能引起感染。

3. 潜育期

病原物侵入后和寄主建立寄生关系到出现明显症状的阶段。

(1) 潜育期的扩展　是病原物在寄主体内吸收营养和扩展的时期，也是寄主对病原物的扩展表现不同程度抵抗性的过程。病原物在寄主体内扩展时都消耗寄主的养分和水分，并分泌酶、毒素和生长调节素，扰乱正常的生理活动，使寄主组织遭到破坏，生长受抑制或促使增殖膨大，导致症状的出现。

(2) 环境条件对潜育期的影响　每种植物病害都有一定的潜育期。潜育期的长短因病害而异，一般 10 天左右，也有较短或较长的。有些果树病毒病的潜育期可达 1 年或数年。

一定范围内，潜育期的长短受环境温度的影响最大，湿度对潜育期的影响较小。但如果植物组织的湿度高，细胞间充水对病原物在组织内的发育和扩展有利，潜育期就短。

有些病原物侵入寄主植物后，由于寄主抗病性强，病原物只能在寄主体内潜伏而不表现症状，但当寄主抗病力减弱时，它可继续扩展并出现症状，称潜伏侵染。有些病毒侵入一定的寄主后，任何条件下都不表现症状，称带毒现象。

4. 发病期

症状出现后病害进一步发展的时期。症状的出现是寄主生理病变和组织病变的结果。发病期病原由营养生长转入生殖生长阶段，即进入产孢期，产生各种孢子（真菌病害）或其他繁殖体。新生病原物的繁殖体为病害的再次侵染提供主要来源。

在发病期，真菌性病害随着症状的发展，在受害部位产生大量无性孢子，提供了再侵染的病原体来源。细菌性病害在显现症状后，病部产生脓状物，含有大量细菌。病毒是细胞内的寄生物，在寄主体外不表现病症。

真菌孢子生成的速度和数量与环境条件中的温度、湿度关系很大。孢子产生的最适温度一般在25℃左右，高湿促进孢子产生。

五、病害的侵染循环

传染性病害的发生须有侵染来源。病害循环是指病害从前一生长季节开始发病，到下一生长季节再度发病的全过程。在病害循环中通常有活动期和休止期的交替，有越冬和越夏，初侵染和再侵染，以及病原物的传播等环节（图 9-1）。

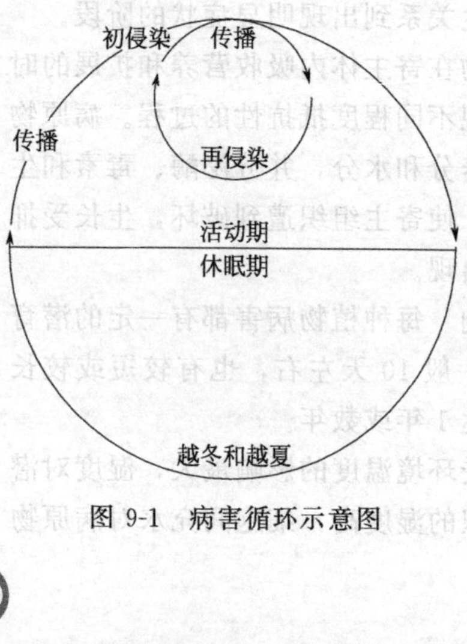

图 9-1 病害循环示意图

1. 病原物的越冬、越夏

病原物的越冬、越夏场所，是寄主植物在生长季节内最早发病的初侵染来源。病原物越冬、越夏的场所如下。

（1）田间病株　果树大都是多年生植物，绝大多数的病原物都能在病枝干、病根、病芽等组织内、外潜伏越冬。其中病毒以粒体，细菌以个体，真菌以孢子、休眠菌丝或休眠组织（如菌核、菌索）等，在病株的内部或表面渡过夏季和冬季，成为下一个生长季节的初侵染来源。因此采取剪除病枝、刮治病干、喷药和涂药等措施杀死病株上的病原物，消灭初侵染来源，是防止发病的重要措施之一。

病原物寄主往往不止一种植物，多种植物往往都可成为某些病原物的越冬、越夏场所。针对病害除消灭田园内病株的病原物外，也应考虑其他栽培作物和野生寄主。对转主寄生的病害，还应考虑到转主寄主的铲除等。

（2）繁殖材料　不少病原物可潜伏在种子、苗木、接穗和其他繁殖材料的内部或附着在表面越冬。使用这些繁殖材料时，可传染给邻近的健株，造成病害的蔓延。还可随着繁殖材料远距离的调运，将病害传播到新地区。繁殖材料带病，不但可导致病害发生，且这类病害大部分属于难防治病害，一旦发病，无法治疗。

（3）病残体　果树的枯枝、落叶、落果、残根、烂皮等病株残体上带有病原物，这类越冬场所是果树病害主要越冬场所之一。由于病原物受到植株残体组织保护，对不良环境因子抵抗能力增加，能在病株残体中存活较长时间，当寄主残体分解和腐烂后，其中的病原物才逐渐死亡和消失。所以清洁果园，彻底清除病株残体，集中烧毁，或采取促进病残体分解的措施，利于消灭和减少初侵染来源。

（4）土壤　病残体和病株上着生的各种病原物都很容易落到土壤里而成为下一季节的初侵染来源。如果树紫纹羽病、白纹羽病。

（5）肥料　有些病原物随病残体混入肥料存活，成为病害的初侵染来源。在使用粪肥前，须充分腐熟，通过高温发酵使其失去生活力。

（6）储藏场所　在果品储藏场所带有可导致果品腐烂的病原物。如青霉病菌、红粉病菌、软腐病菌等。

2. 病原物的传播

传播是联系病害循环中各个环节的纽带。病原物的传播有气流传播、雨水传播、昆虫和其他动物传播、人为传播等方式。大多数病原体都有固定的来源和传播方式，如真菌以孢子随气流和雨水传播，细菌多半由风、雨传播，病毒常由昆虫和嫁接传播。

3. 病害的初侵染和再侵染

病原物每进行 1 次侵染都要完成病程的各阶段，最后又为下一次的侵染准备好病原体。其中在植物生长期内，病原物从越冬和越夏场所传播到寄主植物上引起的侵染，叫作初侵染。在同一生长期中初侵染的病部产生的病原体传播到寄主的其他健康部位或健康植株上又一次引起的侵染称为再侵染。在同一生长季节中，再侵染可能发生许多次。

六、病害的流行及预测

1. 病害流行

病害流行须具备大量感病寄主、大量致病力强的病原物、适宜发病的环境条件等三个条件。病害流行必须同时具备这三个条件，三者缺一不可，但它们在病害流行中的地位是不相同的，其中必有一个是主导的决定性因素。

2. 病害流行的预测

在病害发生前一定时限依据调查数据对病害发生期、发生轻重、可能造成的损失进行估计并发出预报。

根据病害发生前的时限，可分为以下三种。

① 短期预测，病害发生前夕，或病害零星发生时对病害流行的可能性和流行的程度作出预测。

② 中期预测，病害发生前 1 个月至 1 个季度，对病害流行的可能性、时间、范围和程度作出预测。

③ 长期预测，根据病害流行的规律，至少提前一个季度预先估计一种病害是否会流行以及流行规模，也称为病害趋势预测。

病害的预测依据如下。

① 病程和侵染循环的特点，短期预测主要根据病程，中长期预测主要根据侵染循环。

② 病害流行的主导因素及其变化。

③ 病害发生发展的历史资料。

④ 田间防治状况。

第二节 果树病害的识别及检索

果树病害按其病原类型可分为两大类。一类是由真菌、细菌、病毒、类菌原体、线虫、寄生性种子植物以及类病毒、类立克次体和寄生藻类所致的病害，叫侵染性病害；另一类是由于生长条件不适宜或环境中有害物质的影响而发生的病害，叫非侵染性病害。一般通过对病害标本的检查（包括实地考察），观察病状和病症，根据所见病原物的类型，查阅有关参考书的描述，对大部分常见病害都可识别。

一、侵染性病害

1. 菌物病害的特点与识别

由病原菌物引起的病害统称菌物（真菌）病害。这类病害有传染性，在田间发生时，往往由一个发病中心逐渐向四周扩展，即具有明显的由点到面的发展过程。

真菌病害的症状主要是坏死、腐烂和萎蔫，少数为畸形。在病斑上常常有霉状物、粉状物、粒状物等病症，是真菌病害区别于其他病害的重要标志，也是进行病害田间诊断的主要依据。

（1）诊断菌物病害的依据

① 症状观察　菌物病害的症状以坏死和腐烂居多，且大多数菌物病害均有明显病症，环境条件适合时可在病部看到明显的霉状物、粉状物、锈状物、颗粒状物等特定病症。

对常见病害，根据病害在田间的发生分布情况和病害的症状特点，并查阅相关资料可基本判断病害的类别。但在田间有时受发病条件的限制，症状特点尤其是病症特点表现不明显，较难判定是何种病害。此情况应继续观察田间病害发生情况，同时进行病原检查或通过柯赫氏法则进行验证，确定病害种类。

② 病原检查　引起菌物病害的病原菌种类很多，引起的症状类型也复杂。一般病原不同，症状也不同。但有时病原相同，引起的症状会完全不同，如苹果褐斑病在叶片上可产生同心轮纹型、针芒型和混合型 3 种不同的症状，是由同一病原引起的。有时也有病原不同，症状相似的情况，如桃细菌性穿孔病、褐斑穿孔病及霉斑穿孔病，在叶片上都表现穿孔症状，但这 3 种病害的病原是完全不同的。仅以症状对某些病害不能作出正确诊断，必须进行实验室的病原检查或鉴定。

进行病原检查时，根据不同的病症采取不同的制片观察方法。当病症为霉状物或粉状物时，可用解剖针或解剖刀直接从病组织上挑取子实体制片；当病症为颗粒状物或点状物时，采用徒手切片法制作临时切片；当病原物十分稀疏时，可采用粘贴制片；然后在显微镜下观察其形态特征，根据子实体的形态，孢子的形态、大小、颜色及着生情况等与文献资料进行对比。对于常见病、多发病一般即可确定病害名称。

（2）真菌病害的识别　真菌病害的识别见表 9-2。

表 9-2　真菌病害的识别

方法	识别
以寄主植物为主，结合症状特点的识别方法	根据果树的种类，详细观察所见病害的症状特点，再查阅有关资料核对症状特点，可确定是何种病害。桃缩叶病等病害均可如此进行识别
以病症为主，结合寄主植物的识别方法	很多真菌病害迟早都会在发病部位出现真菌的繁殖器官——无性及有性子实体。果树病原真菌中的白粉菌、锈菌、霜霉菌的病症较为特异，可根据病症特点结合寄主植物来识别病害
进行病原菌的形态鉴定，核对有关果树病害资料进行的方法	在果树的真菌病害中，不同种的病原真菌在同一寄主上可产生相同或相似的症状。如苹果灰霉病和苹果圆斑病在叶片上的症状大同小异，但病原真菌是不同的种

2. 细菌病害的特点与识别

(1) 细菌病害的特点　由病原细菌引起的病害称为细菌病害。细菌病害的症状主要有坏死、腐烂、萎蔫和瘤肿等，变色的较少，常有菌脓溢出。细菌病害的症状特点是受害组织表面常为水渍状或油渍状；在潮湿条件下，病部有黄褐或乳白色、胶黏、似水珠状的菌脓；腐烂型病害患部有恶臭味。

细菌病害的诊断主要根据病害的症状和病原细菌的种类来进行。

① 细菌病害在潮湿条件下在病部可见一层黄色或乳白色的脓状物，干燥后形成发亮的薄膜即菌膜或颗粒状的菌胶粒。菌膜和菌胶粒都是细菌的溢脓，是细菌病害的特有病症。

② 细菌性叶斑往往具有黄色的晕环，细菌性癌肿十分明显是诊断可利用的特征。如果怀疑某种病害是细菌病害但田间病症又不明显，可将该病株带回室内进行保湿培养，待病症充分表现后再进行鉴定。

③ 一般细菌侵染所致病害的病部，无论是维管束系统受害的，还是薄壁组织受害的，都可以通过徒手切片看到喷菌现象。喷菌现象为细菌病害所特有，是区分细菌与菌物、病毒病害的最简便的手段之一。通常维管束病害的喷菌量大，可持续几分钟到十多分钟；薄壁组织病害的喷菌状态持续时间较短，喷菌数量亦较少。

(2) 细菌病害的识别　果树上常见细菌病害的症状主要有斑点、腐烂和肿瘤畸形三种。在潮湿条件下，大多数细菌病可产生“溢脓”现象。常见的果树细菌病害根据症状特点，结合显微镜检查病组织内的病原细菌，即可确定，见表 9-3。

3. 病毒病害的特点与识别

病毒病害的症状为花叶、黄化、矮缩、皱缩、丛枝等，少数为坏死斑点。绝大多数病毒都是系统侵染，引起的坏死斑点通常较均匀地分布于植株上，而不像真菌和细菌引起的局部斑点在植株上分布不均匀。

识别病毒病害主要依据症状特点、病害田间分布、病毒的传播

表 9-3　果树细菌病害的识别

症状	描　述	显微镜检查
叶部斑点	大多数细菌病叶斑的发展受到叶脉限制而为多角形或近似圆形，发病初期表现为水渍状，病斑外缘有黄色晕圈。在潮湿环境下，病斑溢出含菌液体——溢脓。溢脓多为球状液滴或黏湿的液层，微黄色或乳白色，干涸后成为胶点或薄膜。如桃细菌性穿孔病导致的叶部症状	将病组织做成切片，置于灭菌水中进行显微镜检查，如观察到病组织切片有云雾状细菌群体排出而健康组织没有，可确定为细菌病害(根癌病组织内看不到细菌)。此项检查应选取新发生的病部或病组织的新扩展部分，以排除腐生细菌的干扰，并应严格无菌操作
腐烂症状	腐烂症状易和真菌病害相混淆，但细菌所致的腐烂不产生霉层等真菌子实体，病组织内外有黏液状病症	
肿瘤和畸形	果树根癌细菌可导致多种果树的根癌病、毛根病，症状特异，易于识别	

方式、寄主范围以及病毒对环境影响的稳定性等来进行。

病毒和类病毒引起的病害都没有病症，但它们的病状具有显著特点，如变色（双子叶植物的斑驳、花叶，单子叶植物的条纹、条点）伴随或轻或重的畸形小叶、皱缩、矮化等全株性病状。这些病状表现首先从幼嫩的分枝顶端开始，且全株或局部病状很少均匀。植原体病害多以黄化、丛枝、花器返祖为特色与病毒病害相区分。此外还可借助电子显微镜观察病毒粒体的形态和用血清学方法进行病毒的鉴定。

果树病毒病害在生产实践中常用症状鉴定识别见表 9-4。

表 9-4　果树病毒病害常用症状鉴定识别

方法	症　状
症状识别法	叶片变色：一般分花叶和黄化两种，有时变色部分还可形成单圈或重圈的环斑。如苹果花叶病所呈现的花叶症状
	枯斑和组织坏死：有些病毒病在叶片侵染点可形成枯斑，叶片、根茎和果实均可发生坏死现象；韧皮部的坏死是某些黄化型病毒特有的症状，有些病毒病可造成全株枯死
	丛枝、小叶、花器退化，果实畸形等特殊症状：如枣疯病病株形成的丛枝、小叶、花器退化；苹果锈果病造成的锈果和花脸

4. 线虫病害的诊断

线虫的穿刺吸食对寄主细胞的刺激和破坏作用。线虫为害后的植株一般多表现为植株矮小、畸形和腐烂等症状，有的形成明显的根结。结合上述症状并进行病原检查即可确定线虫病害。

线虫病害的病原鉴定，一般将病部产生的虫瘿或根结切开，挑取线虫制片或做病组织切片镜检，根据线虫的形态确定其分类地位。对于一些病部不形成根结的病害，需首先根据线虫种类不同采用相应的分离方法，将线虫分离出来，然后制片镜检。要注意根据口针特征排除腐生线虫的干扰，特别是对寄生在植物地下部位的线虫病害，必要时要通过柯赫氏法则进行验证。

二、非侵染性病害的特点与识别

1. 非侵染性病害的特点与诊断

非侵染性病害（也称生理病害）包括由气象因素、土壤因素和一些有害毒物引起的病害。非侵染性病害是由非生物因素引起的，因此病植物上看不到任何病症，也不可能分离到病原物。病害往往大面积同时发生，没有相互传染和逐步蔓延。

① 病害突然大面积同时发生，发病时间短，多由于气候因素，如冻害、干热风、日灼所致。病害的发生往往与地势、地形和土质、土壤酸碱度、土壤中各种微量元素的含量等情况有关；也与气象条件的特殊变化，如冰雹、洪涝灾害有关；与栽培管理如施肥、排灌和喷洒化学农药是否适当以及与某些工厂相邻而接触废水、废气、烟尘等有密切关系。

② 此类病害不是由病原生物引起的，受病植物表现出的症状只有病状没有病症。

③ 根部发黑，根系发育差，与土壤水多、板结而缺氧，有机质不腐熟而产生硫化氢或废水中毒等有关。

④ 有枯斑、灼伤，多集中在某一部位的叶或芽上，无既往病史，大多是使用化肥或农药不当引起。

⑤ 明显缺素症状，多见于老叶或顶部新叶，出现黄化或特殊的缺素症。

⑥ 与传染性病害相比，非传染性病害与环境条件的关系更密

切、发生面积更大、无明显的发病中心和中心病株、在适当的条件下可以恢复（环境条件改善后）。

诊断非侵染性病害除观察田间发病情况和病害症状外，还必须对发病植物所在的环境条件等有关问题进行调查和分析，才能最后确定致病原因。

2. 非侵染性病害的识别

非侵染性病害可通过症状鉴定、补充或消除某种因素来识别（表 9-5）。

表 9-5　非侵染性病害的识别

<table>
<tr><th>分类</th><th colspan="2">症　状</th></tr>
<tr><td rowspan="2">温度影响</td><td colspan="2">长期高温干旱可使果树发生灼伤，引起苹果、梨、桃、葡萄等的日灼病，受害果实向阳部分产生褐色或古铜色干斑，枝干外皮龟裂或流胶，有时顶叶的尖端和边缘枯焦</td></tr>
<tr><td colspan="2">霜害和冻害易使衰弱的树体受害，如桃树的流胶</td></tr>
<tr><td rowspan="2">水分影响</td><td colspan="2">长期干旱可引起植物萎蔫和早期落叶</td></tr>
<tr><td colspan="2">水分过多，特别是前期干旱后期水分过多易造成苹果的一些品种发生裂果，土壤水分过多易使果树根系窒息而发生根腐和叶部黄化早落，严重时可引起果树死亡</td></tr>
<tr><td rowspan="3">有害物质引起的中毒</td><td colspan="2">如工矿企业排出的二氧化硫可使苹果、葡萄、桃等中毒，造成叶片失绿、生长受抑制、落叶，甚至引起死亡</td></tr>
<tr><td colspan="2">农药使用不当也常引起药害</td></tr>
<tr><td colspan="2">工矿排出的有害废液也可使果树中毒</td></tr>
<tr><td rowspan="6">缺素病害（营养失调症）</td><td>症状观察</td><td>施素鉴别</td></tr>
<tr><td>在碱性土壤中容易缺铁，引起苹果、梨、桃、葡萄等发生褪绿病或黄化病</td><td rowspan="5">根据症状观察怀疑缺乏某种元素时，可施用该种元素进行对症治疗。若施素后，症状减轻或消失则可确定是由于缺乏某种元素引起的营养失调症</td></tr>
<tr><td>缺锌可使叶片狭小、黄化、直立、丛生，如苹果小叶病</td></tr>
<tr><td>缺硼可使植物肥嫩器官发生木栓化，如苹果缩果病，桃的缺硼症</td></tr>
<tr><td>缺钙可使果实产生坏死斑点，如苹果苦痘病。缺硼、缺钙常与氮肥施用过多、施用时期不当有关</td></tr>
<tr><td>还有因缺钼、缺镁、缺锰、缺磷、缺钾等引起的病害</td></tr>
</table>

三、果树病害类别检索

果树病害类别检索见表 9-6。

表 9-6 果树病害类别检索

性质	发病特征	细部症状	类别	大类
病害具有传染性,在发病器官表面或组织内部可看见病原物	病害不呈全株性发病,只在叶部、枝干、果实、根部某个部位发病,也可在几个部位同时发病	发病部位表面可看到霉层、粉状物、小粒点等病原物繁殖器官,或在病组织内可看到病原物繁殖器官,或通过保湿诱发方可看到	真菌病害	侵染性病害
		发病部位看不到霉层、小粒点等病原物,但在潮湿环境下可溢出微黄色或乳白色的球状液滴或黏湿的液层,干涸后成为胶点或薄膜。 将新鲜病组织做成切片,在显微镜下观察可见到有云雾状细菌群体排出。或者根部有特异状的肿瘤及毛根	细菌病害	
		发病部位表面或病组织内可见到线虫虫体	线虫病害	
		发病部位组织内可见到瘿螨	瘿螨病害	
		发病部位见到寄生性种子植物	寄生性种子植物所致病害	
		发病部位见到寄生藻	寄生藻所致病害	
	病害呈全株性发病或迟早会呈全株性发病,病害可通过嫁接传染。病株看不到霉层等病原物,病组织内无菌丝体	病组织超薄切片在电镜下可看到病毒颗粒	病毒病害	
		病组织超薄切片在电镜下可看到类菌原体粒子,病害对四环素族抗生素敏感	类菌原体病害	
病害不具有传染性,在发病器官表面和组织内部看不到病原物	病害的发生与气候异常、突变有关,或有接触某种毒物的历史。施用某种元素不能缓解或消除症状	基干和果实向阳面产生褐色或古铜色干斑,枝叶茂密处不发生	日灼病	非浸染性病害
		枝干在严寒之后产生裂缝、流胶;幼叶皱缩、碎裂或穿孔,花不结实或结实后脱落,发生在晚霜后	温度过低	

续表

性质	发病特征	细部症状	类别	大类
病害不具有传染性，在发病器官表面和组织内部看不到病原物	病害的发生与气候异常、突变有关，或有接触某种毒物的历史。施用某种元素不能缓解或消除症状	树叶黄化或红化、萎蔫或叶边枯焦，早期脱落，发生在严重干旱时	水分不足	非浸染性病害
		某些果树品种的果实后期果面产生裂缝	前旱后涝或水分过多	
		叶片急剧失绿、萎缩或枯焦，生长衰退，严重时叶片脱落。有接触毒物、农药化肥等历史	中毒	
	病害发生在土壤瘠薄、有机肥很少或不施，施用某种元素肥料可缓解或消除症状	新生嫩叶淡黄色或白色，叶脉仍为绿色，严重时叶片产生棕黄色枯斑、叶缘焦枯，新梢先端枯死，叶片早落。在pH偏碱的土壤上易发生。叶面喷施硫酸亚铁溶液或用来灌根，症状可有所缓解	生理缺铁	
		新生枝条顶端叶片呈莲座状，叶片狭而小、硬化，枝条纤细、节时短，花芽形成少。早春枝条或展叶后叶面喷施硫酸锌溶液可缓解或消除症状	生理缺锌	
		果实在近成熟期和贮藏期表皮产生坏死斑点，斑点下果肉有部分坏死。施氮肥过多或早春施氮肥可加重病害。叶片喷施氯化钙或硝酸钙溶液可减轻或消除症状	生理缺钙	
		果实表面产生干斑或果肉发生木栓化变色，果实畸形，表面或有开裂。山地和河滩砂地果园发生多，土壤施硼砂或叶面喷硼砂溶液可减轻或消除症状	生理缺硼	

第三节　果树害虫的识别

一、根据害虫的形态特征来识别

根据害虫的形态特征来识别是鉴别害虫种类最常用、更可靠的方法。昆虫的形态特征主要包括翅的有无、对数、式样、质地、类型，口器的类型，触角，腹部附属器官的式样。昆虫一般分为33个目，目下分科、属、种。其中与果树生产关系密切的昆虫有直翅目、同翅目、半翅目、鞘翅目、鳞翅目、膜翅目和双翅目7个目，7个目昆虫的形态特征见表9-7。

表9-7 7个目昆虫的形态特征

目	常见昆虫	特点
直翅目	蝼蛄、蝗虫、螽斯、蟋蟀	体粗壮,中形至大形,触角丝状,咀嚼式口器。前翅狭长,革质较厚,为复翅,后翅膜质。后足为跳跃足或前足为开掘足。有尾须。多为陆栖性,大多为植食性,属不完全变态
同翅目	蝉、蚜虫、叶蝉、木虱、粉虱、介壳虫	体小至大形,触角刚毛状或丝状,刺吸式口器,前翅膜质或革质,后翅膜质。但蚜虫和介壳虫有无翅的个体。无尾须。除雄性介壳虫属完全变态外,其余均属不完全变态。陆生
半翅目	椿象	体中、大形,大多扁平,触角丝状,刺吸式口器。前翅基半部硬化,端半部膜质,称为半鞘翅,后翅膜质。无尾须。大多为陆栖性,为害树体吸食汁液,属不完全变态
鞘翅目	金龟子、瓢虫、象甲、叶蝉、吉丁虫、天牛	体坚硬,大小不等,咀嚼式口器。前翅角质,称鞘翅,后翅膜质或无后翅。大多数种类为植食性,少数种类为捕食性,如瓢虫科的黑缘红瓢虫专食球坚介壳虫和蚜虫
鳞翅目	蝶类、蛾类	体大小不等,虹吸式口器;翅膜质密被鳞片。蛾类触角多为丝状、梳状、羽毛状,成虫夜间活动,如卷叶蛾、夜蛾、枯叶蛾、刺蛾等。蝶类触角为球杆状,成虫白天活动,如映蝶、粉蝶
膜翅目	蜂类、蚂蚁	体小形至中形,咀嚼式口器,只有蜜蜂为刺吸式,翅膜质,透明,前翅大于后翅,翅脉变异大,雌虫产卵器发达
双翅目	蝇、虻、蚊	体小至中型,舔吸式或刺吸式口器。前翅膜质透明,后翅退化成平衡棍。复眼大

二、根据寄主被害状来识别

不同种类的害虫，为害状不同。

(1) 直翅目成虫、若虫，鞘翅目、鳞翅目幼虫及部分成虫均为咀嚼式口器昆虫，常食害果树的根、茎、叶、花、果，在被害部位常有咬伤、咬断、蛀食的痕迹以及虫粪等特征。

（2）半翅目、同翅目的成虫、若虫，常将口喙插入寄主叶、枝组织内刺吸汁液，使被害部位组织变色，树势衰弱，造成叶片脱落或枝条枯死，如蚜虫、木虱、蚧虫，还能排泄出黏质的排泄物，可用于识别。

（3）被害状与害虫口器的类型和为害习性关系密切，即使口器相同，不同种害虫，其为害方式、寄主表现也有不同特征。如梨大食心虫和梨小食心虫都能蛀食梨的果实，但蛀孔部位、蛀道形状、排粪习性等都不一样。苹蚜和苹果瘤蚜刺吸苹果叶片汁液，造成卷叶，但前者叶横卷，后者叶纵卷，可进行鉴别。

三、果树各部位害虫为害状的识别

果树各部位害虫为害状的识别见表 9-8。

表 9-8　果树各部位害虫为害状的识别

害虫	为害状	
为害根部的害虫	咬伤或咬断根际部分皮层、幼根，使植株生长衰弱甚至枯死，多为地老虎、金针虫、蛴螬、蝼蛄、天牛	把地表根际皮层咬坏，有时还把被害果苗拉到土窝去的多为地老虎
		咬坏根部，地表有明显坠道为蝼蛄，无明显坠道为蛴螬、金针虫
		粗根木质部被蛀食，且蛀道不规则者多为天牛，如红颈天牛
为害枝、干的害虫	食害枝、干皮层或木质部，幼虫蛀道多不规则，直接影响水分、养分的输导，严重时枝、干枯萎折断，甚至整株枯死，多为天牛、木蠹蛾、透翅蛾、吉丁虫等	蛀食木质部，蛀槽不规则，较深、长，每隔一定距离有一排粪孔，向外排出粪便，多为天牛和木蠹蛾，但天牛幼虫一般为白色，无足，木蠹蛾幼虫一般为红色、有足
		蛀食枝、干皮层，使木质部同韧皮部内外分离，多为吉丁虫
		为害皮层、形成层或髓部的多为透翅蛾；吸食枝、干汁液，削弱树势，造成枝、干枯死，多为介壳虫

续表

害虫	为 害 状
为害叶部的害虫	为害嫩叶，咬食叶片呈不规则缺刻，严重者吃光叶，多为金龟子、天蛾、毛虫
	用口器刺入叶组织吸吃汁液，被害叶呈灰白色、黄褐色，焦枯，提早脱落，多为蝽象、网蝽、蚜虫、介壳虫、螨类等
	潜入叶组织为害，潜食叶肉，有细线虫道或椭圆形斑块，多为潜叶蛾
	卷叶为害，幼虫吐丝缀叶，把叶片卷成各种形状，幼虫在其中食害，多为卷叶蛾、蛾螟
为害果实的害虫	幼虫蛀入果内，蛀食果肉、果心，蛀孔周围变异，蛀果面有虫粪或果内充满粪便，被害果变形或不变形，多为食心虫，包括蛀果蛾、小卷叶蛾、浇蛾、卷叶蛾
	蛾子从管状口器刺吸果实汁液，被害果呈海绵状，易腐烂，脱落，多为吸果夜蛾
	果树害虫除了绝大部分是属于昆虫外，还有少数螨类
	螨类中叶螨和瘿螨是多种果树上的重要害虫，主要叶螨有山楂红蜘蛛、苹果红蜘蛛等

第四节　果树病虫害科学防治技术

一、果树病虫为害的特点

1. 搞好果园卫生是防治果树病虫害的重要基础措施

果树为多年生栽培植物，果园建成后，病虫种类和数量逐年累积，多数病菌和害虫就地在本园（本地）越冬，病虫害一旦在本园（本地）定殖就很难根除。且果树受病虫为害，不仅对当年果品产量和质量有影响，且影响以后几年的收成。搞好果园卫生、清除田间菌源、降低害虫越冬基数是防治果树病虫害的重要措施之一。

2. 防治虫害是防治某些病害的重要措施之一

一种果树会受到多种病虫为害，虫害严重发生时常常诱发某些病害严重发生。如苹果树受山楂红蜘蛛和苹果红蜘蛛严重为害后，造成大量落叶，极大消弱树势，树体抗病力下降，使苹果树腐烂病发生严重。一些害虫是某些病毒病害和类菌原体病害的传病媒介，一些害虫还能传播某些细菌病害，如核桃举肢蛾能够传播核桃黑腐病。

3. 某些果树病害的发生与果树周围的林木病害有关

杨树水泡溃疡病菌是苹果烂果病的菌源之一，不宜在苹果园周围种植易感染水泡溃疡病的北京杨等品种。果园周围有桧柏等林木，能使转主寄生的苹果锈病病菌和梨锈病病菌完成侵染循环，在杨树、柳树、槐树、酸枣等林迹地上种植果树是造成白绢病和紫纹羽病发生的重要原因。

4. 果树易出现营养缺乏

果树多年在一地生长、开花、结果，长期从固定一处土壤中吸取营养，如不注意改良土壤、增施有机肥料，易出现营养缺乏，尤其是易因某种微量元素缺乏而出现相应的生理病害。如北方苹果产区常见到的缺铁黄化病、缺锌小叶病、缺硼缩果病、缺钙苦痘病就是因为缺乏某种元素而造成的营养失调。

5. 一些病虫害可通过无性繁殖材料进行传播、蔓延，且很多危险病虫害可通过繁殖材料进行远距离传播

果树一般采用嫁接、插条、根蘖苗等方法进行无性繁殖。病毒病害和类菌原体病害都能通过无性繁殖材料进行传染，给病毒病害和类菌原体病害的防治及防止扩大蔓延带来很大困难。苹果的很多病毒病害、苹果锈果病、枣疯病等可通过无性繁殖材料传播、扩大蔓延。培育无毒、无病苗木是果树生产中亟须解决的问题。

很多危险病虫害可通过苗木、接穗等繁殖材料进行远距离传播，如苹果黑星病、苹果各种病毒病、枣疯病、葡萄根瘤蚜、苹果绵蚜、苹果小吉丁虫等病虫害，严格植物检疫是防止危险病虫传入尚未发生地区的关键措施。

6. 加强栽培管理，强壮树势，可防止病害发生、蔓延

果树进入结果期后，常由于结果过多而肥水管理跟不上，使树势急剧减退，抗病能力下降，使潜伏在枝干上的病菌特别是腐生性较强的一类病菌迅速扩展为害。如苹果树腐烂病一般是在进入结果

期后逐年加重。加强栽培管理，培育壮树应加以重视。

7. 非侵染性病害常为侵染性病害发生创造有利条件

果树的不同类别病害之间关系密切，往往互为因果。非侵染性病害常为侵染性病害创造了发生发展的有利条件。冻害是苹果树腐烂病流行的重要条件，土壤积水常使苹果银叶病发生严重。侵染性病害的发生会降低果树对不良环境条件的抵抗力。柿树因柿角斑病严重发生造成大量落叶后，易遭受冻害引起柿疯病。

8. 果树根系病害防治困难

果树的根系非常庞大，入土也较深，常因缺氧而窒息，妨害根系的正常生命活动，在土壤黏重、地下水位较高、低洼湿涝地的果园更突出。根系生命活动减弱必然影响地上部的生活力，根部本身也易招致寄生菌和腐生菌的侵染。由于根系在地下，对根部病害的防治一般较地上部病害困难。

二、果树病虫害防治的基本方法

果树病虫害防治的基本方法有植物检疫、农业防治、生物防治、物理防治和化学防治。

1. 植物检疫

(1) 概念　植物检疫是国家保护农业生产的重要措施，它是由国家颁布条例和法令，对植物及其产品，特别是苗木、接穗、插条、种子等繁殖材料进行管理和控制，防止危险性病、虫、杂草传播蔓延。

(2) 植物检疫的主要任务

① 禁止危险性病、虫、杂草随着植物或其产品由国外输入和由国内输出。

② 将在国内局部地区已发生的危险性病、虫、杂草封锁在一定的范围内，不让它传播到尚未发生的地区，并且采取各种措施逐步将其消灭。

③ 当危险性病、虫、杂草传入新区时，采取紧急措施，就地彻底肃清。

2. 农业防治

农业防治是通过合理采用一系列栽培措施，调节病原物、寄主和环境条件间的关系，给果树创造利于生长发育而不利于病原物生存繁殖的条件，减少病原物的初侵染来源，降低病害的发展速度，减轻病害的发生。农业防治是最基本的防治方法。

农业防治的主要措施有栽植优质无病毒苗木、选择抗病虫优良品种；搞好果园清洁，及时剪除果树生长期病虫叶、果、枝，彻底清除枯枝落叶，刮除树干老翘裂皮，人工捕捉、翻树盘、覆草、铺地膜，减少病虫源，降低病虫基数；加强肥水管理、合理负载，提高树体抗病虫能力；合理密植、修剪、间作，保证树体通风透光；果实套袋，减少病虫、农药感染；不与不同种果树混栽，以防次要病虫上升为害；果园周围5千米范围内不栽植桧柏，以防锈病流行；适期采收和合理储藏。

3. 生物防治

生物防治是利用有益生物及其产物来控制病原物的生存和活动，减轻病害发生的方法。如创造利于天敌昆虫繁殖的生态环境，保护、利用瓢虫、草蛉、捕食螨等自然昆虫天敌；养殖、释放赤眼蜂等天敌昆虫；应用有益微生物及其代谢产物防治病虫，如土壤施用白僵菌防治桃小食心虫；利用昆虫性外激素诱杀或干扰成虫交配。

4. 物理防治

利用各种物理因子、人工和器械控制病虫害的一种防治方法。可根据病虫害生物学特性，采取设置阻隔、诱集诱杀、树干涂白、树干涂黏着剂、人工捕杀等方法。

（1）设置阻隔　根据害虫的生活习性，设置阻隔措施，破坏害虫的生存环境以减轻害虫为害。如在防治果树上的春尺蠖时，采用在果树主干上涂抹黏虫胶、束塑料薄膜或树干基部堆细沙等办法阻止无翅雌虫上树产卵。

果实套袋能显著改善果实外观质量，使果点浅小、果皮细腻、果面洁净，可有效防治果实病虫害，减轻果品的农药残留及对环境的污染，是生产高档果品的主要技术措施。

（2）诱集诱杀 是利用害虫的趋性或其他生活习性进行诱集，配合一定的物理装置、化学毒剂或人工加以处理来防治害虫的一类方法。

① 灯光诱杀 许多昆虫有不同程度的趋光性，利用害虫的趋光性，可采用黑光灯、双色灯等引诱许多鳞翅目、鞘翅目害虫，结合诱集箱、水盆或高压电网诱集后直接杀死害虫。

② 食饵诱杀 是利用有些害虫对食物气味有明显趋向性的特点，通过配制适当的食饵，利用趋化性诱杀害虫。如配制糖醋液（适量杀虫剂、糖 6 份、醋 3 份、酒 1 份、水 10 份）可诱杀卷叶蛾等鳞翅目成虫和根蛆类成虫；撒播带香味的麦麸、油渣、豆饼、谷物制成的毒饵可毒杀金龟子等地下害虫。

③ 潜所诱杀 是根据害虫的潜伏习性，制造各种适合场所引诱害虫来潜伏，然后及时杀灭害虫。如秋冬季在果树上束药带或束用药处理过的草帘，诱杀越冬的梨小食心虫、梨星毛虫和苹果蠹蛾幼虫等，可以减少翌年的虫口数量。

（3）树干涂白、涂黏着剂 树干涂白，可预防日烧和冻裂，延迟萌芽和开花期，可兼治枝干病虫害。涂白剂的配方为生石灰：食盐：大豆汁：水＝12：2：0.5：36。涂黏着剂可直接黏杀越冬孵化康氏粉蚧、越冬叶螨等出蛰上树为害的害虫。

（4）人工捕杀 根据害虫发生特点和生活习性，使用简单的器械直接杀死害虫或破坏害虫栖息场所。在害虫发生初期，可采用人工摘除卵块和初孵群集幼虫、挑除树上虫巢或冬季刮除老树皮、翘皮等。剪去虫枝或虫梢，刮除枝、干上的老皮和翘皮能防治果树上的蚧类、蛀杆类及在老皮和翘皮下越冬的多种害虫。

5. 化学防治

化学防治指使用化学药剂来防治植物病害，作用迅速、效果显著、方法简便。但化学药剂如果使用不当，容易造成对环境及果品和蔬菜的污染，同时长时间连续使用同一类药剂，容易诱发病原物产生耐药性，降低药剂的防治效果。化学药剂的合理使用应注意药剂防治和其他防治措施配合。

三、农药的合理安全使用

1. 农药分类

根据防治对象不同，农药大致可分为杀虫剂、杀螨剂、杀菌剂、杀线虫剂、除草剂、杀鼠剂与植物生长调节剂等。

（1）杀虫剂　杀虫剂是用来防治农、林、卫生及储粮害虫的农药，按作用方式不同可分为以下几类。

① 胃毒剂　通过害虫取食，经口腔和消化道引起昆虫中毒死亡的药剂，如敌百虫等。

② 触杀剂　通过接触表皮渗入害虫体内使之中毒死亡的药剂，如异丙威（叶蝉散）等。

③ 熏蒸剂　通过呼吸系统以毒气进入害虫体内使之中毒死亡的药剂，如溴甲烷等。

④ 内吸剂　能被植物吸收，并随植物体液传导到植物各部或产生代谢物，在害虫取食植物汁液时能使之中毒死亡的药剂，如乐果等。

⑤ 其他杀虫剂　忌避剂，如驱蚊油、樟脑；拒食剂，如拒食胺；黏捕剂，如松脂合剂；绝育剂，如噻替派、六磷胺等；引诱剂，如糖醋液；昆虫生长调节剂，如灭幼脲Ⅲ。这类杀虫剂本身并无多大毒性，是以其特殊的性能作用于昆虫。一般将这些药剂称为特异性杀虫剂。

（2）杀菌剂　杀菌剂是用以预防或治疗植物真菌或细菌病害的药剂。按作用、原理可分为以下几类。

① 保护剂　在病原菌未侵入之前用来处理植物或植物所处的环境（如土壤）的药剂，以保护植物免受危害，如波尔多液等。

② 治疗剂　用来处理病菌已侵入或已发病的植物，使之不再继续受害，如硫菌灵（托布津）等。按化学成分可分为无机铜制剂、无机硫制剂、有机硫制剂、有机磷杀菌剂、农用抗生素等。

（3）杀螨剂　杀螨剂是用来防治植食性螨类的药剂，如炔螨特

（克螨特）等。按作用方式多归为触杀剂，也有内吸作用。

（4）杀线虫剂　杀线虫剂是用来防治植物线虫病害的药剂。

（5）除草剂　除草剂是用来防除杂草和有害生物的药剂。

2. 农药的剂型

化学农药主要剂型有粉剂、可湿性粉剂、乳油和颗粒剂等。

（1）粉剂　粉剂由原药和惰性稀释物（如高岭土、滑石粉）按一定比例混合粉碎而成。粉剂中有效成分含量一般在10%以下。低浓度粉剂供常规喷粉用，高浓度粉剂供拌种、制作毒饵或土壤处理用。

优点是加工成本低，使用方便，不需用水。缺点是易被风吹雨淋脱落，药效一般不如液体制剂，易污染环境和对周围敏感作物产生药害。可通过添加黏着剂、抗漂移剂、稳定剂等改进其性能。

（2）可湿性粉剂　可湿性粉剂由原药和少量表面活性剂（湿润剂、分散剂、悬浮稳定剂等）以及载体（硅藻土、陶土）等一起经粉碎混合而成。可湿性粉剂的有效成分含量一般为25%～50%，主要供喷雾用，也可作灌根、泼浇使用。

（3）乳油　乳油是农药原药按有效成分比例溶解在有机溶剂（如苯、二甲苯等）中，再加入一定量的乳化剂配制成透明均相的液体。乳油加水稀释可自行乳化形成不透明的乳浊液。乳油因含有表面活性很强的乳化剂，它的湿润性、展着性、黏着性、渗透性和持效期都优于同等浓度的粉剂和可湿性粉剂。乳油主要供喷雾使用，也可用于涂茎（内吸药剂）、拌种、浸种和泼浇等。

（4）颗粒剂　颗粒剂是由农药原药、载体和其辅助剂制成的粒状固体制剂。颗粒剂的制备方法较多，常采用包衣法。颗粒剂具有持效期长、使用方便、对环境污染小、对益虫和天敌安全等优点。颗粒剂可供作根施、穴施、与种子混播、土壤处理或撒入心叶用。

（5）烟雾剂　烟雾剂由原药加入燃料、氧化剂、消燃剂、引芯制成。点燃后燃烧均匀，成烟率高，无明火，原药受热气化，再遇冷凝结成微粒飘浮于空间。多用于温室大棚、林地及仓库病虫害。

(6) 水剂　水剂是指用水溶性固体农药制成的粉末状物。可兑水使用。成本低，但不宜久存，不易附着于植物表面。

(7) 片剂　片剂是指原药加入填料制成的片状物。

(8) 其他剂型　随着农药加工技术的不断进步，各种新的剂型被陆续开发利用。如微乳剂、固体乳油、悬浮乳剂、可流动粉剂、漂浮颗粒剂、微胶囊剂、泡腾片剂等。

3. 用药原则

(1) 全面禁止使用的农药（23种）　六六六、滴滴涕、毒杀芬、二溴氯丙烷、杀虫脒、二溴乙烷、除草醚、艾氏剂、狄氏剂、汞制剂、砷类、铅类、敌枯双、氟乙酰胺、甘氟、毒鼠强、氟乙酸钠、毒鼠硅、甲胺磷、甲基对硫磷、对硫磷、久效磷和磷胺等农药全面禁止使用。

(2) 禁止在果树上使用的农药　甲拌磷、甲基异柳磷、特丁硫磷、甲基硫环磷、治螟磷、内吸磷、克百威、涕灭威、灭线磷、硫环磷、蝇毒磷、地虫硫磷、氯唑磷、苯线磷。

4. 农药的合理使用

(1) 正确选药　在施药前应根据实际情况选择合适的药剂品种，对症下药，避免盲目用药。应根据不同的防治对象对药剂的敏感性、不同作物种类对药剂的适应性、不同用药时期对药剂的不同要求等，选择适宜的药剂品种及剂型。

(2) 适时用药　掌握病虫害的发生发展规律，抓住有利时机用药，提高防治效果。如一般药剂防治害虫时应在初龄幼虫期，防治过迟，防治效果越差。药剂防治病害时，一定要用在寄主发病前或发病早期，保护性杀菌剂必须在病原物接触侵入寄主前使用。还要考虑气候条件及物候期。

(3) 适量用药　应根据用药量标准施用农药。不可任意提高浓度、加大用药量或增加使用次数。在用药前清楚农药的规格，即有效成分的含量，再确定用药量。

(4) 交互用药　长期使用一种农药防治某种害虫或病菌，易产生耐药性，防治效果降低。应轮换用药，尽可能选用不同作用机制的农药。

(5) 农药混用与复配　将2种或2种以上的对病虫有不同作用机制的农药混合使用，兼治几种病虫、提高防治效果。农药混合后它们之间应不产生化学和物理变化，才可以混用。

农药复配要注意以下几方面。

① 2种药剂复配后不能影响原药剂理化性质，不降低表面活性剂的活性，不降低药效。

② 酸性或中性农药（如有机磷、氨基甲酸酯类、拟除虫菊酯类等含酯结构的农药）不要与碱性农药混合。

③ 对酸性敏感的农药（如敌百虫、久效磷、有机硫杀菌剂）不能与酸性农药混用。

④ 农药之间不会产生复分解反应。例如波尔多液与石硫合剂，虽然都是碱性药剂，但混合后会发生离子交换反应，使药剂失效甚至会产生药害。

⑤ 农药混用复配后对生物会产生联合效应，联合效应包括相加作用、增效作用及拮抗作用3种，可以通过共毒系数决定能否复配。一般认为共毒系数＞200为增效，150～200之间为微增效，70～150为相加，＜70为拮抗，显然有拮抗反应的2种农药是不能复配的。

(6) 防止产生药害　在果实上发生药害对品质造成很大影响，降低果品的经济价值。产生药害的原因如下。

① 不同药剂产生药害的程度及可能性不同　一般无机杀菌剂易产生药害，有机杀菌剂产生药害的可能性较小，植物性药剂及抗生素药害更小一些。同一类药剂，水溶性越大，发生药害的可能性越大。可湿性粉剂的可湿性差或乳剂的乳化性差，使药剂在水中分散不均匀；药剂颗粒粗大，在水中较易沉淀，搅拌不匀，会喷出高浓度药液而造成药害。

② 环境条件　一般在气温高、阳光强的条件下，药剂的活性增强，而且植物的新陈代谢作用加快，容易发生药害。

③ 用药方法　使用杀菌剂时，必须根据农药的具体性质、防

治对象及环境因素等，选择相应的施药方法。

(7) 避免农药对环境和果品的污染　使用高效、低毒、低残留的杀菌剂，逐渐淘汰高毒、高残留及广谱性杀菌剂。选择适宜的用药浓度、用药量及用药次数，避免滥用农药，化学防治和其他防治相结合的综合防治措施，减少对杀菌剂的依赖。

四、主要杀菌剂

1. 有机硫杀菌剂

有机硫杀菌剂具有高效、低毒、药害轻、杀菌谱广等特点。

(1) 代森锰锌　化学名称为亚乙基双二硫代氨基甲酸锰和锌离子的配位化合物。代森锰锌能有效防治桃树的缩叶病、黄单胞杆菌穿孔病、叶霉斑穿孔病、褐腐病、疮痂病、煤污病及果疫腐病等。常用为70%和50%代森锰锌可湿性粉剂600～900倍液。

储藏时，应注意防止高温；不能与碱性或含铜药剂混用。

(2) 代森锌　化学名称为亚乙基-1,2-双二硫代氨基甲酸锌。该药吸湿性强，在日光下不稳定，但挥发性小，遇碱或含铜药剂易分解。对人、畜低毒；对植物安全，一般不会引起药害。剂型有60%、65%及80%可湿性粉剂。使用浓度一般为500～1000倍。可用于防治果树的霜霉病、炭疽病等病害。

(3) 代森铵　化学名称为亚乙基双硫代氨基甲酸铵。有保护和治疗作用。对人、畜低毒。制剂为45%水剂，常用浓度为1000倍。可用于防治果树根腐病等。

2. 有机磷、胂杀菌剂

(1) 乙磷铝　又名疫霜灵。化学名称为三乙基磷酸铝。对人畜基本无毒。该药为优良内吸性杀菌剂，有双向传导作用，具保护和治疗作用。90%可溶粉剂使用浓度为600～1000倍；40%可湿性粉剂使用浓度为300～500倍。对霜霉属和疫霉属菌物引起的病害有较好的防效。

(2) 福美胂　化学名称为三-*N*-二甲基二硫代氨基甲酸胂，又名阿苏妙。剂型有40%可湿性粉剂，用500～800倍液防治苹果白粉病、葡萄白腐病、梨黑星病等效果较好。30～50倍治疗苹果和梨树腐烂病病斑效果也很好。福美胂对人畜的毒性中等，保管和使用应该注意安全。该药不能与碱性及含铜、汞的药剂混用。

(3) 退菌特　又名透习脱、三福美或土斯特，是福美双、福美锌、福美甲胂的复配制剂。能有效防治桃的黄单胞杆菌穿孔病、假单胞杆菌穿孔病、果腐病、烂根病、炭疽病及疮痂病等。常用为50%可湿性粉剂100～300倍液。

本剂不能与含铜、汞、铝的药剂混用；本剂含有福美甲胂，易产生药害，应注意掌握用药时间。

3. 取代苯类杀菌剂

(1) 甲基托布津　又名甲基硫菌灵。化学名称为1,2-双(3-甲氧羰基-2-硫酰脲)苯。为广谱性内吸杀菌剂。纯品为无色结晶，难溶于水，可溶于有机溶剂。对人畜较安全。

甲基托布津能有效防治桃树的多种病害，如腐烂病、缩叶病、白粉病、疮痂病、炭疽病及烂根病等。常用为70%甲基托布津可湿性粉剂600～1000倍液。

本剂可与多种杀菌剂、杀螨剂、杀虫剂混用，但要现混现用；不能与铜制剂、碱性药剂混用；不可长期单一连续使用，病菌会产生耐药性，降低防治效果，可与其他药剂轮换使用，但不宜与多菌灵、苯菌灵轮换使用。

(2) 百菌清　化学名称为2,4,5,6-四氯-1,3-苯二甲腈。常温下稳定，对紫外线稳定，耐雨水冲刷，不耐强碱。对人畜毒性低，但对皮肤和黏膜有刺激性。

百菌清能有效防治桃的流胶病、缩叶病、叶霉斑穿孔病、叶褐斑穿孔病、褐腐病、疮痂病、枝枯病、溃疡病及炭疽病等。常用为50%可湿性粉剂500～600倍液。

百菌清对人的皮肤和眼睛有刺激作用；本品应防潮防晒，储存在阴凉干燥处。

(3) 甲霜灵　又名瑞毒霉、雷多米尔。化学名称为D,L-*N*-(2,6-二甲基苯基)-*N*-(2′-甲氧基乙酰)丙氨酸甲酯。纯品为白色结晶，微溶于水，易溶于多种有机溶剂。毒性低，内吸性能好，可上下传导，兼具保护和治疗作用。剂型为25%可湿性粉剂，使用浓度为1500～2000倍。用于防治霜霉病、褐腐病、疫病等。

4. 有机杂环类杀菌剂

（1）多菌灵　为苯并咪唑类化合物。化学名称为苯并咪唑基-2-氨基甲酸甲酯。纯品白色结晶，不溶于水及有机溶剂。剂型有25%、50%可湿性粉剂，使用浓度为1000～1500倍。是一种高效、低毒、广谱性内吸杀菌剂，可用于防治子囊菌门和半知菌类真菌引起的多种植物病害。

多菌灵能有效防治桃的流胶病、缩叶病、褐腐病、疮痂病、炭疽病、实腐病、果腐病及软腐病等。常用为50%可湿性粉剂600～800倍液。

本剂可与一般杀菌剂混用，但与杀虫剂、杀螨剂混用时要随混随用，不宜与碱性药剂混用；长期单一使用多菌灵易使病菌产生耐药性，应与其他杀菌剂轮换使用或混合使用。

（2）三唑酮　又名粉锈宁。化学名称为1-(4-氯苯氧基)-3,3-二甲基-1-(1,2,4-三氮唑-1-基)-2-丁酮。纯品为无色结晶，稍溶于水，易溶于多种有机溶剂，对人畜毒性低，对蜜蜂安全。是内吸性很强的杀菌剂，有保护、治疗和铲除作用。剂型有15%和25%可湿性粉剂、1%粉剂。一般15%三唑酮使用浓度为1000～2000倍。主要用于治疗各种植物的白粉病和锈病。

5. 抗生素

（1）链霉素　是灰链丝菌分泌的抗生素。工业品多制成硫酸盐或盐酸盐。农业上利用其粗制品或下脚料。纯品为白色无臭但有苦味的粉末，对人、畜低毒。链霉素有很好的内吸治疗作用，主要用于防治各种细菌引起的病害。

农用链霉素常用于桃的细菌性穿孔病、炭疽病、褐腐病、疮痂病等细菌和真菌性病害的防治。常用75%可湿性粉剂7000～8000倍液喷洒。

本剂不能与生物药剂，如杀虫杆菌、青虫菌、7210等混合使用；使用浓度一般不超过220毫克/千克，以防产生药害；不能与碱性农药混用，药剂应储存于阴凉干燥处。

（2）抗霉菌素120 为嘧啶核苷类抗生素。该抗生素有效组分为核苷类抗生素，不仅具有抗多种植物病原菌的作用，还兼有刺激作物生长的效应。具有选择性毒性，对人畜无害，易被土壤微生物降解，在植物体内存留时间一般不超过72小时。剂型有2%和4%水剂，2%水剂使用浓度200倍液，可用于防治果树各种白粉病、炭疽病、锈病、腐烂病、流胶病。

（3）甲霜灵 属于酰胺类杀菌农药。主要能预防由藻菌纲真菌引起的病害，如桃的褐腐病、炭疽病、疮痂病及畸果病等。常用25%可湿性粉剂500～800倍液喷施。

本剂不可与碱性农药混用；喷雾可以与保护杀菌剂交换使用，以提高效果和延缓耐药性的产生。

6. 无机杀菌剂

（1）波尔多液 波尔多液是用硫酸铜和石灰乳配制而成的药液，天蓝色。主要有效成分是碱式硫酸铜，是一种杀菌力强、持续时间长的杀菌剂。喷布在植物上，受到植物分泌物、空气中的二氧化碳以及病菌孢子萌发时分泌的有机酸等的作用，逐渐游离出铜离子，铜离子进入病菌体内，使细胞中原生质凝固变性，造成病菌死亡。该药剂几乎不溶于水，是一种胶状悬液，喷到植物表面后黏着力强，不易被雨水冲刷，残效期可达15～20天。

波尔多液的防病范围很广，可以防治多种果树病害，如霜霉病、黑痘病、疫病、炭疽病、溃疡病、疮痂病、锈病、黑星病等。使用时要根据不同果树对硫酸铜和石灰的敏感程度，来选择不同配比的波尔多液，以免造成药害。对铜离子较敏感的是核果类、仁果类、柿等，其中以桃、李和柿最敏感。桃树生长期不能使用波尔多液；柿树上要用石灰多量式的稀波尔多液。对石灰较为敏感的是葡萄等，一般要用半量式波尔多液。作伤口保护剂，常配成波尔多浆。配制比例是硫酸铜∶石灰∶水∶动物油＝1∶3∶15∶0.4。

根据硫酸铜和石灰的比例，波尔多液可分为等量式（1∶1）、半量式（1∶0.5）、倍量式（1∶2）、多量式［1∶(3～5)］和少量式［1∶(0.25～0.4)］等类别。波尔多液的倍数，表示硫酸铜与水的比例。例如200倍的波尔多液表示在200份水中有1份硫酸铜。在生产实践中，常用两者的结合，表示波尔多液的配合比例。例如160倍等量式波尔多液，配合比例为硫酸铜∶石灰∶水＝1∶1∶160；240倍半量式波尔多液的配合比例为1∶0.5∶240等。

波尔多液的配制方法有如下两种。

① 两液法：取优质的硫酸铜晶体和生石灰分别放在两个容器中，先用少量水消化石灰和少量的热水溶解硫酸铜，然后分别加入全水量的1/2，配制成硫酸铜液和石灰乳，待两种液体的温度相等且不高于室温时，将两种液体同时徐徐倒入第三个容器内，边倒边搅拌即成。此法配制的波尔多液质量高。

② 稀铜浓灰法：以9/10的水量溶解硫酸铜，用1/10的水量消化生石灰（搅拌成石灰乳），然后将稀硫酸铜溶液缓慢倒入浓石灰乳中，边倒边搅拌即成。注意绝不能将石灰乳倒入硫酸铜溶液中，否则会产生络合物沉淀，降低药效，产生药害。

配制时注意事项如下。

① 选用高质量的生石灰和硫酸铜。

生石灰以白色、质轻、块状的为好，尽量不要使用消石灰，若用消石灰，也必须用新鲜的，而且用量要增加30%左右。硫酸铜最好用纯蓝色的，不夹带有绿色或黄绿色的杂质。

② 配制时水温不宜过高，一般不超过室温。

③ 波尔多液对金属有腐蚀作用，配制时不要用金属容器，最好用陶器或木桶。

④ 刚配好后悬浮性能很好，有一定稳定性，但放置时间过长悬浮的胶粒就会互相聚合沉淀并形成结晶，黏着力差，药效降低。使用波尔多液时应现配现用，不宜久放。

（2）石硫合剂　是用生石灰、硫黄粉和水熬制而成的一种深红棕色透明液体，呈强碱性，有臭鸡蛋味。有效成分为多硫化钙。多硫化钙的含量与药液密度呈正相关，常用波美比重计测定，以波美度（°Bé）表示其浓度。

熬制方法是，生石灰1份、硫黄粉2份、水12～15份。把足量的水放入铁锅中加热，放入生石灰制成石灰乳，煮至沸腾时，把事先用少量水调成糨糊状的硫黄浆徐徐加入石灰乳中，边倒边搅拌，同时记下水位线，以便随时添加开水，补足蒸发掉的水分；大火煮沸45～60分钟，并不断搅拌；待药液熬成红褐色，锅底的渣滓呈黄绿色即成。按上述方法熬制的石硫合剂，一般可以达到22～28波美度。

熬制石硫合剂时，一定要选择质轻、洁白、易消解的生石灰；硫黄粉越细越好，最低要通过40号筛目；前30分钟熬煮火要猛，以后保持沸腾即可；熬制时间不要超过60分钟，但也不能低于40分钟。

石硫合剂可用于各种果树病害的休眠期防治。它的使用浓度随防治对象和使用时的气候条件而变。果树休眠期使用5波美度。

波尔多液的稀释倍数可按下列公式计算。

$$加水稀释倍数=\frac{原液波美度}{需要稀释的波美度}-1$$

五、主要杀虫剂

1. 特异性昆虫生长调节剂类

又称特异性杀虫剂。药剂选择性特强，仅对某种特定的害虫有效，对人畜安全，对环境污染较小，对害虫的天敌负面影响也小，是无公害果树生产中害虫防治的首选药剂。

（1）灭幼脲　又叫灭幼脲1号、3号，苏脲1号。属低毒杀虫剂。本品主要是胃毒作用，触杀作用次之；能抑制和破坏昆虫新表皮中几丁质的合成，使昆虫不能正常蜕皮而死。田间残效期15～20天，对人、畜和天敌昆虫安全。用于防治黏虫、松毛虫、美国白蛾、柑橘全爪螨、菜青虫、小菜蛾等。灭幼脲施药后3～4天始见效果，需适当提早使用，也不宜与碱性物质混合。制剂为25%灭幼脲3号悬浮剂。

(2) 除虫脲　又叫敌灭灵。属低毒药剂。对昆虫主要是胃毒和触杀作用，抑制几丁质的合成，使幼虫蜕皮时不能形成新表皮，虫体畸形而死。用于防治黏虫、玉米螟及蔬菜、园林上的鳞翅目幼虫。剂型为20%除虫脲悬浮剂。

(3) 定虫隆　又名抑太保。胃毒作用为主，兼有触杀性。对鳞翅目幼虫有特效，但一般用药后3～5天才能见效，与其他杀虫剂无交互耐药性，对家蚕高毒。对小菜蛾、菜青虫、甜菜夜蛾、斜纹夜蛾等多种对有机磷、拟除虫菊酯类农药产生抗性的鳞翅目害虫有较高防治效果。剂型为5%乳油。

(4) 氟苯脲　又名农梦特、伏虫隆、特氟脲。毒性和杀虫机理同灭幼脲3号，对鳞翅目幼虫有特效，尤其防治对有机磷、拟除虫菊酯类农药等产生抗性的鳞翅目和鞘翅目害虫有特效，宜在卵期和低龄幼虫期应用，但对叶蝉、飞虱、蚜虫等刺吸式口器害虫无效。剂型为5%乳油。

(5) 氟虫脲　又名卡死克，是一种低毒的酰基脲类杀虫、杀螨剂。毒性和杀虫机理同灭幼脲3号，具有触杀和胃毒作用，可有效地防治果树、蔬菜、花卉、茶、棉花等作物的鳞翅目、鞘翅目、双翅目、同翅目、半翅目害虫及各种害螨。剂型为5%乳油。

(6) 氟铃脲　又名盖虫散，属苯甲酰基脲类杀虫剂，是几丁质合成抑制剂，具有很高的杀虫和杀卵活性，而且速效，尤其防治棉铃虫，用于蔬菜、果树、棉花等作物防治鞘翅目、双翅目、同翅目和鳞翅目多种害虫。剂型为5%乳油。

(7) 杀铃脲　又名杀虫隆、氟幼灵，为苯甲酰基脲类杀虫剂，属昆虫几丁质合成抑制剂，具有高效、低毒、低残留等优点。该杀虫剂与25%灭幼脲相比，杀卵、虫效果更好，持效期长。剂型为20%悬浮剂。防治金纹细蛾的适宜浓度为8000倍液；防治桃小食心虫，在成虫产卵初期、幼虫蛀果前喷6000～8000倍液。

(8) 丁醚脲　又名宝路，是一种新型硫脲类、低毒、选择性杀虫杀螨剂。具有内吸、熏蒸作用，广泛应用于防治果树、蔬菜、茶和棉花的蚜虫、叶蝉、粉虱、小菜蛾、菜粉蝶、夜蛾等害虫，但对鱼和蜜蜂的毒性高。应注意施用地区和时间。剂型为50%宝路可湿性粉剂。

(9) 扑虱灵 又名稻虱净。化学名称为噻嗪酮。是一种选择性昆虫生长调节剂，具有药效高、残效期长、残留量低和对天敌较安全的特点，对同翅目飞虱科、叶蝉科、粉虱科中一些害虫有特效，其杀虫作用为胃毒和触杀，无熏蒸作用，通过抑制害虫几丁质合成使若虫在蜕皮过程中死亡。但对害虫以杀若虫为主，具一定杀卵作用，不杀成虫，击倒作用差。用于防治飞虱、叶蝉、介壳虫、粉虱等。

(10) 吡虫啉 吡虫啉又名蚜虱净、扑虱蚜、比丹、康福多、高巧等，是一种硝基亚甲基化合物，属于新型拟烟碱类、低毒、低残留、超高效、广谱、内吸性杀虫剂，有较高的触杀和胃毒作用。害虫接触药剂后，中枢神经正常传导受阻，麻痹死亡。速效，且持效期长，对人、畜、植物和天敌安全。适于防治果树、蔬菜、花卉、经济作物等的蚜虫、粉虱、木虱、飞虱、叶蝉、蓟马、甲虫、白蚁及潜叶蛾等害虫。

吡虫啉主要用于防治桃的卷叶蛾、粉蚜、桃蚜及斑潜蝇等害虫。常用10%可湿性粉剂4000～6000倍液或5%乳油2000～3000倍液。

2. 拟除虫菊酯类杀虫剂

(1) 氯菊酯 又名二氯苯醚菊酯、除虫精。属低毒杀虫剂。具有触杀和胃毒作用，杀虫谱广，可用于防治果树上多种害虫，尤其适用于卫生害虫的防治。剂型为10%氯菊酯乳油。

(2) 溴氰菊酯 又名敌杀死。毒性中等。用于防治棉铃虫、桃小食心虫等。剂型为2.5%乳油。

(3) 氰戊菊酯 又名速灭杀丁、速灭菊酯。属中等毒性杀虫剂。杀虫谱广，对天敌无选择性，以触杀、胃毒作用为主，适用于防治果树、蔬菜、多种花木上的害虫。

氰戊菊酯常用于桃小食心虫、桃蛀螟、桃虎、桃仁蜂、枣豆虫、桃斑蛾、小绿叶蝉、桃粉大尾蚜及桃潜叶蛾等。常用剂型为

20%乳油 2000～3000 倍液。

（4）氯氰菊酯　又称兴棉宝、安绿宝等。是一种高效、中毒、低残留农药。对人畜安全。对害虫有触杀和胃毒作用，并有拒食作用，但无内吸作用，杀虫谱广，药效迅速。可防治园林、果树、蔬菜上的多种鳞翅目害虫、蚜虫及蚧虫等。剂型为10%乳油、2.5%高渗乳油和 4.5%高效氯氰菊酯乳油。

（5）顺式氯氰菊酯　又名高效氯氰菊酯。属中毒农药。对昆虫有很高的胃毒和触杀作用，击倒性强，且具杀卵活性。在植物上稳定性好，能抗雨水冲刷。剂型为 5%、10%乳油，防治对象同氯氰菊酯。

（6）甲氰菊酯　又名灭扫利。中等毒性农药，有选择作用的杀虫杀螨剂，有较强的拒避和触杀作用，触杀幼虫、成虫与卵。对鳞翅目害虫、叶螨、粉虱、叶甲等有较高防治效果。剂型为 20%乳油，

（7）三氟氯氰菊酯　又名功夫菊酯。杀虫谱广，具极强的胃毒和触杀作用，杀虫作用快，持效期长。对鳞翅目害虫、蚜虫、叶螨等均有较高的防治效果。剂型为 5%乳油。

3. 有机磷杀虫剂

（1）敌百虫　为高效、低毒、低残留、广谱性杀虫剂，纯品为白色结晶。易溶于水，但溶解速度慢，也能溶于多种有机溶剂，但难溶于汽油。具有胃毒（为主）和触杀（弱）作用，剂型为 90%晶体、80%可溶水剂和 2.5%粉剂等。对鳞翅目幼虫如梨食心虫、桃食心虫、松毛虫、刺蛾、袋蛾等有很好的防治作用。

（2）辛硫磷　为高效、低毒、无残毒危险的有机磷杀虫剂。有触杀和胃毒作用，适于防治地下害虫，对鳞翅目幼虫有高效，也适用于喷雾防治果树害虫，如卷叶蛾、尺蛾、粉虱类等。在施入土中时，药效期可达 1 个多月。用于喷雾防治害虫时，极容易光解，药效期仅为 2～3 天。

辛硫磷能有效防治桃小食心虫、蛀果蛾、黄刺蛾、桃蚜、双齿绿刺蛾、黄褐天幕毛虫、盗毒蛾、舞毒蛾、桃蛀螟及小蛀虫等虫

害。常用为50%乳剂1000～1500倍液，可采用叶面喷雾、灌浇和灌心等方法。

本剂不能与碱性物质混合使用；见光易分解，所以田间使用最好在夜晚或傍晚使用。

(3) 马拉硫磷 对桃的蛀果蛾、蛀叶螟、桃潜叶蛾、桃蚜、桃介壳虫及各种刺蛾等有良好的防治作用。常用为45%乳剂1300～1500倍液。

本品易燃，在运输、储存过程中注意防火，远离火源。使用浓度高时易产生药害。安全采收期为10天。

(4) 倍硫磷 可用于桃小食心虫等虫害的防治。常用50%乳油1200倍液。

本品对十字花科蔬菜的幼苗及梨、桃等易产生药害；不能与碱性物质混用；皮肤接触中毒可用清水或碱性溶液冲洗。

(5) 毒死蜱 又名乐斯本。是高效、中毒农药，有触杀、胃毒和熏蒸作用，适于防治各种鳞翅目害虫。对蚜虫、害螨、潜叶蝇也有较好防治效果，在土壤中残留期长，也可防治地下害虫。

常用于防治桃小食心虫、象虫、桃球坚蚧等。常用为49%乳油900～1200倍液喷雾。

本品避免与碱性农药混配；对鱼类有毒，应避免药液流入湖泊、河流或鱼塘中。

4. 氨基甲酸酯类杀虫剂

(1) 西维因 通名甲萘威。有触杀兼胃毒作用，杀虫谱广，对人畜低毒。一般使用浓度下对作物无药害。能防治果树的咀嚼式及刺吸式口器害虫，还可用来防治对有机磷农药产生抗性的一些害虫，可用于防治园林刺蛾、食心虫、潜叶蛾、蚜虫等。剂型有25%西维因可湿性粉剂。

(2) 抗蚜威 又称辟蚜雾。本品为高效、中等毒性、低残留的选择性杀蚜剂，具有触杀、熏蒸和内吸作用。植物根部吸收后，可向上输导。有速效性，持效期不长。可用于防治果树上的蚜虫，但对棉蚜效果很差。

抗蚜威是一种专性杀蚜剂，能有效防治桃的对有机磷农药产生抗性的各类蚜虫。常用抗蚜威有25%辟蚜雾水分散粒剂1000倍液和50%抗蚜威可湿性粉剂2000倍液。

抗蚜威在15℃以下使用效果不能充分发挥，使用时最好气温在20℃以上；见光易分解，应避光保存；如不慎中毒，应立即就医，肌内注射1～2毫克硫酸颠茄碱。

(3) 异丙威　又称叶蝉散、灭扑散。该药对飞虱、叶蝉科害虫具有强烈的触杀作用，对飞虱的击倒力强，药效迅速，但该药的残效期较短，一般只有3～5天。可用于防治果树飞虱、叶蝉等害虫。常用制剂为2%、4%异丙威粉剂，20%异丙威乳油，50%异丙威乳油。

(4) 硫双威　又名拉维因，是新一代的双氨基甲酸酯杀虫剂，高效、广谱、持久、安全，有内吸、触杀、胃毒作用，经口毒性高，但经皮毒性低，对鳞翅目害虫有较好的防治效果。商品剂型为75%可湿性粉剂、37.5%胶悬剂。

5. 沙蚕毒素类杀虫剂

(1) 杀虫双　杀虫双在土壤中的吸附力很小。有胃毒、触杀、熏蒸和内吸作用，特别是根部吸收力强。是一种较为安全的杀虫剂。对高等动物毒性较低。慢性毒性未发现异常。药效期一般只有7天左右。杀虫双对家蚕毒性大，在蚕桑区使用要谨慎，以免污染桑叶。剂型为25%水剂和3%颗粒剂。

(2) 巴丹　又叫杀螟丹。对人畜毒性中等。对害虫具有触杀和杀卵作用，对鳞翅目幼虫、半翅目害虫特别有效，可用于防治桃小食心虫、苹果卷叶蛾、梨星毛虫、蓟马、蚜虫等。巴丹对家蚕毒性大，使用时要采取措施，以免污染桑叶。制剂为50%可溶性粉剂。

6. 杀螨剂及其他

杀螨剂是指专门用来防治害螨的一类选择性的有机化合物。这类药剂化学性质稳定，可与其他杀虫剂混用，药效期长，对人畜、植物和天敌都较安全。

(1) 三氯杀螨醇　本品杀螨活性高，具较强的触杀作用，对成、若螨和卵均有效，可用于果树、花卉等作物防治多种害螨。制剂为20%乳油。

(2) 尼索朗　本品是一种噻唑烷酮类新型杀螨剂，对多种害螨具有强烈的杀卵、杀幼若螨的特性，对成螨无效，但接触药剂的雌成螨所产的卵不能孵化。残效期长，药效可保持50天左右。该药主要用于防治叶螨，对锈螨、瘿螨防效较差。剂型为5%乳油和5%可湿性粉剂。

(3) 克螨特　本品为低毒广谱性有机硫杀螨剂，具有触杀和胃毒作用，对成、若螨有效，杀卵效果差。使用时在20℃以上可提高药效，20℃以下随温度下降而递减。可用于防治蔬菜、果树、茶、花卉等多种作物的害螨。剂型为73%乳油。

(4) 螨卵酯　本品对螨卵和幼螨触杀作用强，对成螨防治效果很差。可与各种农药混用。用以防治朱砂叶螨、果树红蜘蛛等。加工剂型有20%可湿性粉剂和25%乳剂。

(5) 灭蜗灵　化学名称为四聚乙醛。灭蜗灵主要用于防治蜗牛和蛞蝓。可配成含2.5%～6%有效成分的豆饼或玉米粉的毒饵，傍晚施于田间诱杀。剂型有3.3%灭蜗灵5%砷酸钙混合剂，4%灭蜗灵5%氟硅酸钠混合剂。

(6) 双甲脒　又名螨克，是一种广谱杀螨剂。对桃的二斑叶螨有较好防治效果。同时对红、白蜘蛛、桃小卷叶蛾也有一定的防治效果。常用为稀释1000～2000倍喷雾。

本品不要与碱性农药混合使用；气温低于25℃以下使用，药效发挥作用较慢，药效较低，高温天晴时使用药效高；若中毒，应速送医院治疗。

7. 天然有机杀虫剂

(1) 微生物源杀虫剂

① 阿维菌素　又名爱福丁、阿巴丁、害极灭、齐螨素、虫螨克、杀虫灵等。是一种生物源农药，即真菌菌株发酵产生的抗生素类杀虫、杀螨剂，对人畜毒性高，对蔬菜、果树、花卉、大田作物和林木的蚜虫、叶螨、斑潜蝇、小菜蛾等多种害虫、害螨有很好的

触杀和胃毒作用。剂型为0.9%、1.8%乳油或水剂。

② 苏云金杆菌　又名敌宝、包杀敌等。是一种低毒的微生物杀虫剂。该菌是革兰氏阳性土壤芽孢杆菌，在形成的芽孢内产生晶体（即δ-内毒素），进入昆虫中肠的碱性条件下降解为杀虫毒素。

(2) 植物源杀虫剂

① 苦参碱　又名苦参素。是一种利用有机溶剂从苦参中提取的低毒、广谱性植物源杀虫剂，具有胃毒、触杀作用，对蚜虫、蚧、螨和菜粉蝶、夜蛾、韭蛆、地下害虫等有明显的防治效果。剂型为0.2%、0.3%和3.6%水剂，1%醇溶液，1.1%粉剂。

② 茴香素　主要成分是山道年和百部碱，对人畜安全无毒，而对害虫具有胃毒和触杀作用，可用于防治菜青虫、蚜虫、食心虫、害螨、尺蠖等。制剂遇热、光和碱易分解。制剂为0.65%茴香素水剂。

③ 楝素　又名蔬果净。是一种低毒植物源杀虫剂，具有胃毒、触杀和拒食作用，但药效缓慢，主要用于防治蔬菜上的鳞翅目害虫。剂型为0.5%楝素杀虫乳油、0.3%印楝素乳油。

(3) 石油乳剂　它是由石油、乳化剂和水按比例制成的。它的杀虫作用主要是触杀。石油乳剂能在虫体或卵壳上形成油膜，使昆虫及卵窒息死亡。该药剂是最早使用的杀卵剂。供杀卵用的含油量一般在0.2%～2%。一般来说，分子质量越大的油，杀虫效力越高，对植物药害也越大。不饱和化合物成分越多，对植物越易产生药害。防治园艺植物害虫的油类多属于煤油、柴油和润滑油。该药剂可用来防治果树林木的介壳虫。使用时注意不要污染环境，不要对植物产生药害。

8. 石硫合剂

石硫合剂可用于防治介壳虫、螨类等。可与其他有机杀虫剂交替使用防治螨类，以减少因长期使用同一种类杀虫剂而产生抗性的可能。因呈强碱性，有侵蚀昆虫表皮蜡质层的作用，对介壳虫和螨类有较好的防治效果。

第五节　桃病害及防治

一、桃褐腐病

1. 症状

桃褐腐病主要为害果实、花、叶和枝梢。果实在整个生育期均可被害，以近成熟期和储藏期受害严重。

(1) 果实受害　初期产生褐色圆形病斑，几天内迅速扩展到整个果面，病部果肉腐烂呈褐色，病斑表面产生白色或灰褐色绒状霉层，初呈同心轮纹状排列，逐渐布满全果。后期病果全部腐烂，失水干缩成僵果；僵果初为褐色，后变为黑褐色，即菌丝与果肉组织夹杂在一起形成的大型假菌核，常悬挂于枝上久不脱落。

(2) 花器受害　花瓣、柱头产生褐色水渍状斑点，逐渐蔓延到萼片和花柄，潮湿时，病花迅速腐烂，表面丛生灰色霉状物。

(3) 嫩叶染病　叶缘产生褐色水渍状病斑，后扩展至叶柄，使全叶枯萎。

(4) 枝条　病菌侵入枝条，形成长圆形溃疡斑，病斑边缘紫褐色，中央灰褐色稍下陷，溃疡斑流胶。受害严重枝梢被病斑环割一周时，枝条枯死。

2. 病害循环

病菌主要以僵果（病菌的假菌核）和菌丝体在病枝梢的溃疡部越冬。第二年产生大量分生孢子，通过风、雨或昆虫传播，初次侵染。当年产生的分生孢子经柱头、蜜腺侵入花器引起花腐，经皮孔、虫伤或各种伤口侵入果实引起果腐，造成再侵染。储运期的病果在环境适宜时长出大量分生孢子通过接触传播，或由昆虫传带而扩散，蔓延极快，损失严重。

3. 发病规律

桃树开花前及幼果期遇低温多雨，果实接近成熟期多雨、重雾、高湿，利于花腐和果腐发生。果实储运中高温高湿，利病害发展。

管理不善、果园通风透光差、虫害严重是主要病因。烂果的地势低洼积水、树势衰弱等均有利于发病。凡果实成熟后质地柔嫩、汁多、味甜、皮薄的品种较感病，皮厚、汁少、质地坚硬的品种较抗病。

4. 防治措施

(1) 秋末冬初结合修剪，彻底清除园内树上的病枝、枯死枝、僵果和地面落果，集中烧毁或深埋，减少初侵染源。

(2) 加强管理，提高树体抗病力。注意桃园通风透光和排水，增施磷、钾肥。及时防治害虫；可在5月上中旬进行套袋，保护果实。

(3) 在重病区适当选栽抗病品种。一般表皮角质层厚，下皮层组织形成木栓化能力强，气孔腔周围细胞生成木栓质，细胞壁厚品种，抗病力强。

(4) 药剂防治

① 桃树发芽前1周喷5波美度石硫合剂或45%晶体石硫合剂，杀灭越冬病菌。

② 花腐严重的地区，于初花期（花开约20%时）喷1次杀菌剂。花腐不严重或很少发生的地区，一般在落花后10天左右，喷第一次药，后每隔10～15天再喷1～2次，直至果实成熟前3～4周，再喷1次药。果实套袋的后几次喷药可免除。药剂有50%多菌灵800～1000倍液；70%甲基托布津800～1000倍液；75%百菌清600～800倍液等。50%扑海因1000～2000倍液，15%粉锈宁2000～3000倍液，对桃褐腐病防治效果极好。

(5) 加强储藏和运输期间的管理。桃果采收、储运时尽量避免造成伤口，减少病菌在储运期间的侵染；及时检出病果。果实采收后可用500×10^{-6}噻苯唑浸果1～2分钟，晾干后再装箱储藏和运输。用拮抗菌枯草杆菌菌液（浓度为1×10^{8}～3×10^{8}/毫升）处理桃果实，可减少褐腐病的发生。

二、桃炭疽病

1. 症状

炭疽病主要为害果实，也能侵害叶片和新梢。

① 幼果染病初果面呈淡褐色水渍状斑，后随果实膨大病斑扩大，圆形或椭圆形，红褐色并显著凹陷。气候潮湿时，在病斑上长出橘红色小粒点，即病菌的分生孢子盘。被害果少数干缩残留枝梢，绝大多数都在5月间脱落。果实近成熟期发病，果面症状与前述相同，同时果面病斑显著凹陷，呈明显同心轮纹状皱缩，果实软腐，多数脱落。

② 新梢被害后，出现暗褐色略凹陷长椭圆形的病斑，亦生橘红色小粒点。病梢多向一侧弯曲，叶片萎蔫下垂纵卷成筒状。严重的病枝常枯死。病重的果园可在开花前后出现大批果枝陆续枯死的现象。

2. 病害循环

病菌主要以菌丝体在病梢组织内越冬，也可在树上僵果中越冬。第二年早春产生分生孢子，通过风雨和昆虫传播，侵害新梢和幼果，引起初次侵染。该病为害时间较长，在桃的整个生长期间都可侵染为害。

病菌侵入寄主后，在表皮下形成分生孢子盘及分生孢子，分生孢子通过雨水溅散或由昆虫传播，引起再次侵染。

3. 发病条件

① 桃树开花及幼果期低温多雨或果实成熟期温暖、多云多雾、高湿环境发病较重。

② 幼果迅速生长阶段易发病，其次为采收前果实膨大期。

③ 一般早熟种和中熟种发病较重，晚熟种发病较轻。如扬州2号、乐林、小林、桔早生、白凤、太仓等早、中熟品种最感病；白花、玉露、西洋黄肉等晚熟品种抗病性较强。

④ 桃园管理粗放、留枝过密、土壤黏重、排水不良以及树势衰弱的果园，发病较重。

4. 防治方法

① 及时防治，在芽萌动到开花期及时剪去陆续出现的枯枝，同时在果实最感病的 4 月下旬至 5 月进行喷药保护。

② 加强果园管理，清除菌源。结合冬季修剪，彻底清除树上的枯枝、僵果和地面落果，集中烧毁。芽萌动至开花前后要反复地剪除陆续出现的病枯枝，及时剪除以后出现的卷叶病梢及病果，防病部产生孢子进行再侵染。合理修剪，复壮树势，通风透光。避免果园积水，做好疏果、套袋。

③ 药剂防治。保护幼果和消灭越冬菌源，在雨季前和发病初期用药。芽萌动期喷洒 1∶1∶100 波尔多液或石硫合剂混合 300 倍五氯酚钠。落花后至 5 月下旬，每隔 10 天左右喷药 1 次，共喷3～4 次。其中以 4 月下旬至 5 月上旬的两次最重要。药剂可用 70％甲基托布津 1000 倍液；50％多菌灵 1000 倍液；50％克菌丹 500 倍液；50％扑海因 1500 倍液。

④ 发病严重的地区可选栽岗山早生、白花等抗病性较强的品种。

三、桃缩叶病

1. 症状

桃缩叶病主要为害叶片，也可为害幼梢、幼果和花。

① 春季嫩叶刚从芽鳞抽出时表现叶片卷曲、稍红。叶片展开，病叶皱缩扭曲，局部加厚肥大，呈红褐色。严重时全株叶片发病，枝梢枯死。春末夏初叶表长出一层灰白色粉状物。

② 枝梢受害呈灰绿至黄绿色，节间缩短粗肿，叶片簇生。

③ 花、果受害，花瓣肥大变长，病果畸形，果面龟裂，大多脱落。

2. 病害循环

病菌主要以厚壁芽孢子在桃芽鳞片上越冬，或在枝干的树皮上越冬，翌年春季桃树萌芽，芽孢子也萌发，由芽管直接穿过嫩叶表皮或由气孔侵入，不能侵害成熟组织。

3. 发病条件

① 早春低温多雨的地区，桃缩叶病发生较重；早春温暖干燥的年份，发病较轻。

② 病害一般在 4 月上旬开始发生，4 月下旬至 5 月上旬为发病盛期，6 月份气温升高，发病停止。

③ 早熟品种发病较重，中晚熟品种发病较轻。

4. 防治方法

① 在病叶初见而未形成白粉状物前，及时摘除病叶，集中烧毁。发病较重的桃树，叶片大量焦枯，增施肥料，恢复树势。

② 药剂防治。在桃芽膨大花瓣露红（未展开）时喷药，防治效果好。药剂可用 3～5 波美度石硫合剂或 1∶1∶100 波尔多液。50%多菌灵 500 倍液或 40%克瘟散 1000 倍液，对桃缩叶病也有良好的防治效果。

四、桃穿孔病

桃穿孔病包括细菌性穿孔病、真菌性霉斑穿孔病和褐斑穿孔病。

1. 症状

(1) 细菌性穿孔病　为害叶片、果实和枝梢。

① 叶片发病，初为水渍状小斑点，扩大成紫褐色或黑褐色近圆形病斑，周围有黄色水渍状晕环，后期病斑干枯，脱落后形成穿孔，穿孔边缘破碎，不整齐。

② 枝条受害，形成春季溃疡和夏季溃疡两种不同病斑。

a. 春季溃疡　发生在上一年夏季抽出的枝条上，初期产生水渍状褐色疱疹，后期病斑扩大。春末（开花前后）病斑表皮破裂，流出黄色黏液，细菌溢出传播。

b. 夏季溃疡　发生在当年新梢上，以皮孔为中心，形成水渍状圆形或椭圆形暗紫色病斑。后变褐色，稍凹陷，很快干枯，传病作用不大。

③ 果实发病，果面发生暗紫色，圆形病斑，中央凹陷，边缘

水渍状，后期干裂。潮湿时病斑上溢出黄白色黏质物，为细菌的菌脓。

（2）真菌性霉斑穿孔病　为害叶片、枝梢、花芽和果实。

① 叶片上病斑初淡黄绿色，后变为褐色，圆形或不规则形，直径 2～6 毫米。最后坏死的中央部位脱落穿孔，病叶随后脱落。幼叶被害时，大多焦枯，不形成穿孔。湿度大时，在病斑背面长出污褐色的霉状物。

② 侵害枝梢，以芽为中心形成长椭圆形病斑，边缘紫褐色，并发生裂纹和流胶。

③ 果实受害，病斑初为紫色，渐变褐色，边缘红色，中央凹陷。

（3）真菌性褐斑穿孔病　侵害叶片、新梢和果实。

① 在叶片两面发生圆形或近圆形病斑，边缘略带环纹，外围呈紫色或红褐色。后期病斑上长出灰褐色霉状物，中部干枯脱落，形成穿孔。穿孔的边缘整齐，穿孔外常有一圈坏死组织。

② 新梢和果实上的病斑，褐色，凹陷，边缘红褐色病斑，上长有灰褐色霉状物。

2. 病害循环及发病条件

（1）细菌性穿孔病　病原细菌在病枝组织内越冬，第二年春，在桃树开花前后，细菌从病组织中溢出，借风雨或昆虫传播，经叶片的气孔、枝条和果实的皮孔侵入。

该病一般于 5 月出现，7～8 月发病严重。温暖、多雨或多雾季节适于病害发生，树势衰弱、排水或通风不良、偏施氮肥的果园发病较重。晚熟种玉露、太仓等发病较重，早熟种如小林等发病较轻。

（2）真菌性霉斑穿孔病　病菌以菌丝体或分生孢子在被害叶、枝梢或芽内越冬。第二年春季病菌借风雨传播，先侵害幼叶，产生新孢子后，才侵染枝梢和果实。低温多雨天气易于发病。

（3）真菌性褐斑穿孔病　病菌主要以菌丝体在病叶中或枝梢组织中越冬。翌春随气温回升和降雨形成分生孢子，借风雨传播，侵染叶片、新梢和果实。低温、多雨利于病害发生、流行。

3. 防治方法

① 加强果园管理，增强树势。合理施肥，增施有机肥，避免偏施氮肥；注意果园排水，合理修剪，使果园通风透光，降低果园湿度。结合冬剪，彻底清除枯枝、落叶、落果等，集中烧毁或深埋。

② 喷药保护。在桃树萌芽前喷3～5波美度石硫合剂或1：1：100波尔多液。在5～6月间可喷65%代森锌500倍液1～2次，防治效果较好。硫酸锌石灰液（硫酸锌0.5千克，消石灰2千克，水120千克）对细菌性穿孔病有良好的防治效果。对后两种真菌性穿孔病，也可喷70%甲基托布津1000倍液或50%多菌灵1000倍液。

③ 穿孔病还能侵害李、杏、樱桃等核果类果树，在以桃树为主的果园，应将李、杏等果树栽种到距离桃园较远的地方。

五、桃疮痂病

1. 症状

病菌主要为害果实，也能侵害叶片和新梢。

① 果实发病，多在果实肩部，先产生暗褐色圆形小点，后呈黑色痣状斑点，直径2～3毫米，严重时病斑聚合成片。病斑扩展仅限于表皮组织，病部组织枯死后，果肉仍可继续生长，病斑常发生龟裂。果梗染病，果实常早期脱落。

② 新梢受害，在表面产生椭圆形、浅褐色病斑，大小3～6毫米，后变暗褐色，稍隆起，常流胶。病斑只限于枝梢表层，不深入内部。病斑下面形成木栓质细胞。表面的角质层与底层细胞分离，但有时形成层细胞被害死亡，枝梢枯死。

③ 叶片受害，多在叶背面叶脉之间，出现不规则或多角形灰绿色病斑。病斑转暗色或紫红色，病部干枯脱落形成穿孔。病菌侵害叶脉可形成长条状的暗褐色病斑。严重时可引起落叶。

2. 病害循环

病菌以菌丝体在枝梢的病部越冬，在气温10℃以上时开始形成分生孢子，从4月下旬至5月中旬孢子形成最多。分生孢子萌发形成芽管，直接穿透寄主表皮的角质层而侵入。病菌侵入后，菌丝仅在寄主角质层与表皮细胞的间隙扩展、定殖，不深入寄主组织和细胞内部。

3. 发病条件

（1）在4～5月间多雨潮湿的年份或地区，病害发生较重。果园低湿定植过密或树冠郁闭，能促进病害发生。在北方桃区，果实一般在6月份开始发病，7～8月发病最多；南方桃区在6～7月发病最多。一般在花瓣脱落6周后的果实才易被侵染。

（2）早熟品种一般发病较轻，中熟品种次之，晚熟品种发病较重，尤其黄肉桃发病最重。

4. 防治方法

（1）加强果园管理　结合修剪，认真剪除有病枝梢，集中烧毁或深埋。注意雨后排水，降低果园湿度，可减轻发病。

（2）喷药保护　发芽前喷4～5波美度石硫合剂。落花后半个月开始至6月间，每隔半个月左右喷1次50%多菌灵1000倍液；70%甲基托布津1000倍液；50%乙基托布津500倍液；65%代森锌500倍液或80%代森锰锌600倍液。

六、桃树腐烂病

桃树腐烂病又名干枯病，为害性大。发病后不及时治疗，很快造成整株死亡。该病除侵害桃外，李、杏、樱桃等核果类果树也会被害。

1. 症状

主要为害主干和主枝，造成树皮腐烂，枝枯树死。还多发生于主干基部。

病斑刚出现时，树皮稍隆起，用手指按压，稍柔软。接着病部稍凹陷，树皮流胶，表面可见米粒大胶点，初黄白色，渐变为褐色，棕褐色至黑色。胶点下的病皮组织腐烂，轻微肿胀，湿润，黄褐色，有酒精气味。病斑向纵向扩展快，不久可深达木质部。后期病部干缩凹陷，密生黑色小粒点，即病菌的子座，后子座突破表皮，空气潮湿时从中涌出黄褐色丝状孢子角。

2. 病害循环

病菌以菌丝体、分生孢子器及子囊壳在枝干病部越冬。次年春季菌丝活动，病斑从早春至夏初不断扩展，到炎热的夏天暂时停止，秋天扩大。病斑发展到一定程度，出现分生孢子器和子囊壳，一般感染1年后，出现分生孢子器，2～3年后形成子囊壳。病菌孢子借风雨、昆虫等传播。桃腐烂病菌为弱寄生菌，主要通过伤口侵入寄主，其次是皮孔。冻伤形成的裂口是病菌侵入的重要途径。感染最盛时期为夏末至秋天。病菌具有潜伏侵染的特性。

该病在北方如北京地区，一般于4月上旬开始发病，4～5月为发病盛期，为害最烈。6月上旬以后，病势减缓。7～8月寄主的愈伤能力强，遇高温，病菌的发展受到限制或扩展停顿。8月下旬病菌重新活动，继续扩展为害，但不如春季严重。

3. 发病条件

冻害严重的年份发病重，反之轻；结果过多、虫害严重、树势衰弱容易染病；土壤瘠薄、地势低洼、排水不良、管理不善的果园发病多，果园表土深、肥水管理好则发病少；秋季多雨、偏施氮肥或灌水不当引起徒长，抗寒力降低，发病重。

4. 防治方法

（1）加强栽培管理　合理施肥，及时排水，防治虫害，改善栽培条件，增强树势，提高抗病力。冬季修剪后保护剪口，防病菌侵入。彻底清除枯枝落叶，集中处理。

（2）刮治病斑　从2～3月份起经常检查桃树枝干，发现病斑，及时刮治。对病部进行刮治后须外涂伤口保护剂。如对桃树枝干病斑刮除后，可涂843康复剂，以促使伤口愈合和防止流胶。

七、桃干腐病

桃干腐病又名流胶病，发病严重时常造成枝干枯死，对树势和产量影响很大。

1. 症状

多发生在树龄较大的桃树主干和主枝上，病部表面湿润，微肿胀，暗褐色。病部皮下层有黄色黏稠的胶液。病部一般限于皮层，衰老树可深达木质部。后病部干枯凹陷，呈黑褐色，出现较大的裂缝。发病后期，病部表面长出大量的梭形或近圆形的小黑点，有时数个小黑点密集在一起，从树皮裂缝中露出，大小1～8毫米。多年受害的老树，树势极度衰弱，严重时引起整个侧枝或全树枯死。

2. 病害循环及发病条件

病菌以菌丝体、分生孢子器和子囊果在枝干病部越冬，翌年4月间产生孢子，借风雨传播，经伤口或皮孔侵入。病菌从4月下旬至7月上旬侵害枝干，潜育期为14～84天。温暖多雨天气有利发病，高温季节病害发展受到抑制。

桃干腐病菌是一种弱性寄生菌，主要侵害生长衰弱的植株。一般树龄较大、果园管理粗放、树势衰弱的桃树发病较重。

3. 防治方法

(1) 加强管理　桃树丰产后增施肥料，使树势健壮。冬季清园，收集病死枝干烧毁。及时防治树干害虫。

(2) 刮除病斑　开春后检查树体，及时刮除初期病斑。刮除后，用抗菌剂402的100倍液或福美胂的50倍液消毒伤口，再外涂843康复剂，促使愈伤组织形成。

(3) 药剂防治　桃树发芽前，全面喷洒40%福美胂100倍液。生长期结合果实病害防治，在喷杀菌剂时，全面喷湿枝干，保护树体。

八、果树根癌病

果树根癌病又名冠瘿病，是多种果树上一种重要的根部病害。辽宁、吉林、河北、北京、内蒙古、山西、河南、山东、湖北、陕西、甘肃、安徽、江苏、上海、浙江等省（区、市）都有分布。北方以葡萄发病较严重，南方以桃树发病较普遍。

本病除为害桃、葡萄、苹果、梨等重要果树外，还能侵害柿、李、杏、樱桃、花红、枣、木瓜、板栗、胡桃等。

1. 症状

主要发生在根颈部，也发生于侧根和支根，嫁接处常见。根部被害形成癌瘤，癌瘤形状、大小、质地因寄主不同有差异。一般木本寄主的瘤大而硬，木质化；草本植物的瘤小而软，肉质。瘤的形状为球形或扁球形。瘤的数目少的1～2个，多的达10多个不等。瘤的大小差异大，小如豆粒，大如胡桃和拳头，最大的直径可达数十厘米。初生瘤乳白色或略带红色，光滑，柔软，后逐渐变褐色乃至深褐色，木质化而坚硬，表面粗糙或凹凸不平。

苗木受害后地上部表现为发育受阻，生长缓慢，植株矮小；严重时叶片黄化，早衰。成年果树受害，生长不良，果实小，树龄缩短。

2. 病害循环

病原细菌在癌瘤组织的皮层内越冬，或在癌瘤破裂脱皮时，进入土壤中越冬。细菌在土壤中能存活1年以上。雨水和灌溉水是传病的主要媒介。地下害虫如蛴螬、蝼蛄、线虫等在病害传播上也起一定的作用。苗木带菌是远距离传播的重要途径。

病菌通过伤口侵入寄主。嫁接、昆虫或人为因素造成的伤口，为病菌侵入的途径。从病菌侵入到显现病瘤所需的时间，一般要经几周至1年以上。

3. 发病条件

（1）温、湿度　病菌侵染与发病随土壤湿度增高而增加，癌瘤形成与温度关系密切。

（2）土壤理化性质　碱性土壤利于发病，酸性土壤不利发病。土壤黏重、排水不良的果园发病多。

（3）嫁接方式　嫁接口的部位、接口大小及愈合快慢影响发病程度。在苗圃中，切接苗木伤口大，愈合较慢，嫁接后培土，伤口与土壤接触时间长，发病率较高；芽接苗木嫁接口很少染病。

4. 防治方法

（1）加强管理，改进嫁接方法　选择无病土壤作苗圃，已发生过根癌病的土壤或果园不能作为育苗基地。碱性土壤果园，适当施用酸性肥料或增施有机肥料，不利病菌存活。嫁接苗木宜采用芽接法，避免伤口接触土壤，减少染病机会。嫁接工具在使用前须用75％酒精消毒，防止人为传播。

（2）切除病瘤　在果树上发现病瘤时，用刀彻底切除病瘤，用40％福美胂50倍液涂刷切口，再外涂843康复剂或波尔多浆保护。切下的病瘤随即烧毁。

（3）防治地下害虫　及时防治地下害虫，可减轻发病。

第六节　桃虫害及防治

一、桃蛀螟

1. 为害

是水蜜桃的一种重要害虫。以幼虫蛀食桃果，果实不能发育，常变色脱落或果内充满虫粪，不可食用，影响产量和质量。

2. 形态特征

（1）成虫　成虫体长10毫米左右，全身橙黄色，胸部、腹部及翅面散生许多大小不等的黑色斑点。

（2）卵　椭圆形，长约0.6毫米，初呈乳白色，后变为红褐色。

（3）幼虫　老熟幼虫体长约22毫米，体色变化大，有淡褐、暗红等色，背面带紫红色，腹面淡绿色，前胸背板褐色，身体各节有粗大的灰褐色毛片8个。

（4）蛹　长约13毫米，长椭圆形。

3. 生活史及发生规律

在辽宁南部1年2代，山东3代，一般华北地区2～4代，均以老熟幼虫在树皮裂缝、树洞、土缝、石缝、玉米、高粱秆（穗）、向日葵盘中越冬。翌年5～6月份出现越冬代成虫，6月上旬为产卵盛期，5月下旬至7月中旬发生第1代幼虫，7月下旬至8月上旬为第1代成虫发生盛期，7月中旬至8月底发生第2代幼虫，8月上旬至9月上中旬发生第3代幼虫，9月底幼虫陆续越冬。

成虫白天及阴雨天停息在桃叶背面叶丛中，傍晚后开始活动，取食花蜜，还可吸食桃和葡萄等成熟果实的汁液。有趋光性，对黑光灯趋性强，普通灯光趋性不强，对糖、醋液也有趋性。成虫产卵对果实成熟度有一定的选择性，早熟品种着卵早，晚熟品种则晚，晚熟桃比中熟桃上着卵多。卵多产在果子的胴部、肩部、梗洼、两果紧贴的缝隙及果实背阴面等处。

卵期一般3～6天。卵多于清晨孵化，初孵幼虫先在果梗、果蒂基部吐丝蛀食果皮后，从果梗基部沿果核蛀入果心为害，蛀食幼嫩核仁和果肉。果外有蛀孔，常由孔中流出胶质，并排出褐色颗粒状粪便，流胶与粪便黏结贴附在果面上，果内也有虫粪。一个桃果内常有数条幼虫，部分幼虫可转果为害。幼虫5龄，老熟后一般在果内或结果枝上及两果相接触处结白色茧化蛹。

长江流域第一代幼虫主要为害桃果，少数为害李、梨、苹果等果实。第二代幼虫大部分为害桃果，部分转移为害玉米等作物，以后各代主要为害玉米、向日葵等作物。在无果树地区则全年为害玉米和向日葵等。山东肥城地区，第一代幼虫为害桃，第二代幼虫为害桃，少数为害农作物，第三代幼虫转害大枣、蓖麻，少数为害晚熟桃。华北第一代幼虫在桃上为害，第二代幼虫在向日葵及柿、石榴、板栗等上为害。

4. 防治措施

（1）人工防治　春季越冬幼虫化蛹前，处理向日葵、花盘、玉米秸秆等，及时刮除树干老粗皮、烧毁、消灭越冬幼虫；及时摘除虫果、清理落果，集中处理。桃果套袋，早熟品种在套袋前结合防治其他病虫害喷药1次，消灭早期桃蛀螟所产的卵。

（2）诱杀成虫　用黑光灯、糖醋液、性引诱剂等诱杀成虫，并进行预测预报。

（3）药剂防治　在桃蛀螟第一、二代成虫产卵高峰期喷药，施药3～5次，叶面喷洒20％杀灭菊酯乳油1500～2000倍液、2.5％

溴氰菊酯乳油2000～3000倍液、50%辛硫磷乳剂1000倍液。

二、桃蚜虫

1. 为害

桃蚜虫包括桃蚜、桃粉蚜、桃瘤蚜3种，都属同翅目、蚜科。俗名统称蜜虫、油虫。以桃蚜和桃粉蚜为害最普遍，桃瘤蚜在局部果园有为害。

蚜虫大量发生时，密集在嫩梢上和叶片上吮吸汁液，被害桃叶苍白卷缩，脱落，桃果产量及花芽形成受影响，削弱树势。

2. 形态特征

(1) 桃蚜　又名烟蚜、桃赤蚜，分布极广，国内南、北果区普遍分布。越冬及早春寄主以桃为主，其他有李、杏、樱桃、梨、柑橘、柿等，夏、秋寄主有烟草、茄、大豆、瓜类、番茄、白菜、甘蓝等。

有翅胎生雌蚜的头、胸部均黑色，腹部淡暗绿色，背面有淡黑色的斑纹。复眼赤褐色。额瘤发达，向内倾斜。腹管绿色，很长。中后部稍膨大，末端有明显的缢缩。尾片绿色而大，具3对侧毛。

无翅胎生雌蚜全体绿色，但有时为黄色至樱红色。额瘤和腹管同有翅蚜。

(2) 桃粉蚜　又名桃大尾蚜、桃粉吹蚜。我国南、北果区都有分布。越冬及早春寄主，除桃外，还有李、杏、梨、樱桃、梅等，夏、秋寄主为禾本科杂草。

(3) 桃瘤蚜　国内分布于东北、华北、华东、西北、西南、台湾。越冬及早春寄主为桃、樱桃，还有梨、梅。

3. 生活史及发生规律

(1) 桃蚜　桃蚜在我国华北地区1年发生10余代，长江中下游地区20余代，华南地区达30余代，主要在桃枝梢、芽腋及缝隙和小枝杈等处产卵越冬。翌年早春2～3月份当桃树萌发时，越冬卵孵化，先群集在嫩芽上为害，后转至花和叶上为害。有部分成虫可从越冬寄主上迁移到桃树及观赏植物上为害，行孤雌胎生繁殖

3～4 代，以春末夏初时繁殖为害最盛，5～6 月产生有翅蚜，迁飞到夏季寄主上，如十字花科蔬菜、马铃薯上繁殖为害。5 月份后桃蚜在桃树上的数量减少。到 10～11 月份产生有翅性母蚜迁飞回桃树上并产生雌雄性蚜，后交配产卵越冬。

桃蚜的天敌有异色瓢虫、七星瓢虫、二星瓢虫、四斑月瓢虫、草蛉、食蚜蝇、烟蚜茧蜂、蚜虫跳小蜂、日本蚜茧蜂、菜少脉蚜茧蜂等。

一般冬季温暖、早春雨水均匀的年份有利桃蚜发生，高温和高湿不利。

（2）桃粉蚜　江西 1 年发生 20 代以上，冬季以卵在桃、李、杏、梅等果树枝条的芽腋和树皮的裂缝处越冬，常数粒或数十粒集在一起，次年桃树萌芽时卵开始孵化，以无翅胎生雌蚜不断进行繁殖，产生有翅蚜后，迁往禾本科芦苇上寄生，晚秋产生有翅蚜迁返桃、李、杏、梅等果树上，产卵越冬。

4. 防治措施

（1）农业防治　清除枯枝落叶，将被害枝梢剪除，集中烧毁。在桃树行间或果园附近不宜种植白菜、烟草。

（2）药剂防治　萌芽期和发生期喷药，细致、周到、不漏树、不漏枝，10％吡虫啉可湿性粉剂 4000～5000 倍液。

三、桑白蚧

桑白蚧属于同翅目、盾蚧科。又名桑盾蚧、桑介壳虫、桃介壳虫等。

1. 为害

以成虫和若虫群集固着在枝干上，刺吸汁液，严重时介壳密集重叠，枝条表面形成凹凸不平的灰白色蜡质物，削弱树势，枝条或全株死亡。

2. 形态特征

（1）介壳　雌成虫介壳圆形，略隆起，直径 1.8～2.5 毫米。白色或灰白色，壳点枯黄色，偏心。雄性介壳长形，两侧缘平行，长1～2毫米，白色，有3条纵脊，壳点橘黄色，居端。

（2）成虫 雌成虫橙黄或橘红色，体长1.0毫米，宽卵圆形，扁平。触角短小，退化呈瘤状，上有粗大刚毛1根。雄成虫体长0.65～0.7毫米。橙色至橘红色，体略呈长纺锤形。

（3）若虫 初孵若虫淡黄褐色，扁卵圆形。眼、触角、足齐全。足发达，能爬行。蜕皮后眼、触角、足、尾毛均消失，开始分泌介壳。第1次的蜕皮附于介壳上，偏于一边，称为壳点。

（4）卵 椭圆形，长径0.25～0.3毫米，短径0.1～0.12毫米。初产粉红色，渐变为淡黄褐色，孵化前橘红色。

3. 生活史及发生规律

广东1年5代，江浙1年3代，北方各省1年2代。均以当年末代受精雌成虫越冬。雌虫产卵量以越冬代为最高，平均每雌产卵120粒左右。卵产于雌虫身体后面，堆积于介壳下方，相连呈念珠状。因卵粒堆积，使其介壳略微翘起而有缝隙。

若虫孵化后在介壳下停留几小时后逐渐爬出扩散，多于2～5年生枝条上固定取食。1龄若虫取食5～7天后分泌出棉毛状白色蜡粉覆盖于体上，并逐渐加厚。若虫蜕皮时自腹面裂开。虫体后移而脱出，分泌蜡质形成介壳。雄若虫蜕皮2次而形成蛹，后羽化为成虫。雌若虫蜕第2次皮后即为成虫。

桑白蚧喜好荫蔽多湿的小气候条件，在通风不良、透光不足的园林中发生为害重。高温干旱、通风透光不利其发生。

4. 防治措施

（1）人工防治 用硬毛刷或细铜（钢）丝刷，刷掉枝干上虫体。结合整形修剪，剪除被害严重的枝条。

（2）化学防治 在若虫孵化后未形成介壳前及时喷药。药剂有48%乐斯本乳油1000～1200倍液、50%可湿性西维因400倍液等。

四、桃潜叶蛾

桃潜叶蛾属鳞翅目、潜叶蛾科。又名桃叶潜蛾。

1. 为害

幼虫在叶肉内串成弯曲潜道，致使叶片脱落。为害桃、杏、李、樱桃、苹果和梨。

2. 形态特征

(1) 成虫　体长3毫米，趣展6毫米，体及前翅银白色。前翅狭长，先端尖，附生3条黄白色斜纹，翅先端有黑色斑纹。前后翅都具有灰色长缘毛。

(2) 卵　圆形，乳白色。

(3) 幼虫　体长6毫米，胸部淡绿色，体稍扁。有黑褐色胸足3对。

(4) 茧　扁枣核形，白色，茧两端有长丝粘于叶上。

3. 生活史及发生规律

1年发生约7代，以蛹在被害叶上结一白色绿茧过冬。来年4月展叶后，成虫羽化，夜间活动产卵于叶表皮内。幼虫孵化后，在叶组织内潜食为害，串成弯曲隧道，并将粪粒充塞其中，叶的表皮不破裂，可由叶面透视。叶受害后枯死脱落。

幼虫老熟后在叶内吐丝结白色薄茧化蛹。5月上中旬发生第一代成虫，以后每月发生1代，最后1代发生在11月上旬。

4. 防治措施

① 冬季结合清园，扫除落叶烧毁，消灭越冬蛹。

② 成虫发生期，喷洒50%杀螟松乳剂1000倍液，或50%对硫磷乳剂2000倍液。

五、桃红颈天牛

桃红颈天牛属于鞘翅目、天牛科。

1. 为害

幼虫在木质部蛀隧道，使树干中空，皮层脱离，树势衰弱，常引起死亡。为害桃、杏、李、梅、樱桃等。

2. 形态特征

(1) 成虫　体长28～37毫米，黑色，前胸大部分棕红色或全部黑色，有光泽。前胸两侧各有1刺突，背面有瘤状突起。

(2) 卵　长圆形，乳白色，长6～7毫米。

(3) 幼虫　体长50毫米，黄白色。前胸背；板扁平方形，前缘黄褐色，中间色淡。

(4) 蛹　淡黄白色，长36毫米。前胸两侧和前缘中央各有突起1个。

3. 生活史及发生规律

华北地区每2年发生1代，以幼虫在树干蛀道内过冬。来春恢复活动，在皮层下和木质部钻蛀不规则的隧道，并向蛀孔外排出大量红褐色虫粪及碎屑，堆满树干基都地面，5～6月间为害最烈，严重时树干全部被蛀空而死。5～6月老熟幼虫黏结粪便、木屑在木质部作茧化蛹，6～7月成虫羽化后，先在蛹室内停留3～5日，后钻出，经2～3日交配。卵多产在主干、主枝的树皮缝隙中，以近地面33厘米范围内较多。卵期8日左右。幼虫孵化后，头向下蛀入韧皮部，先在树皮下蛀食，经过停育过冬，翌春继续向下蛀食皮层，至7～8月份当幼虫长到体长30毫米后，头向上往木质部蛀食。再经过冬天，到第三年5～6月老熟化蛹，蛹期10天左右羽化为成虫。幼虫一生钻蛀隧道总长50～60厘米。

4. 防治措施

① 6～7月成虫出现期，利用午间成虫静息枝条的习性，振落、捕捉成虫。幼虫孵化后，经常检查枝干，发现虫粪时，对较浅部位幼虫可用铁丝挖、掏、刺杀。

② 幼虫孵化后，检查枝干，发现虫粪时，即将皮下的小幼虫用铁丝钩杀，或用接枝刀在幼虫为害部位顺树干纵划2～3道杀死幼虫。

③ 枝干涂白。成虫发生前，在树干和主枝上涂白剂（生石灰10份，硫黄1份，食盐0.2份，动物油0.2份，水40份），防止成虫产卵。

④ 虫孔施药。幼虫蛀入木质部新鲜虫粪排出蛀孔外时，清洁一下排粪孔，将1粒磷化铝（0.6克片剂的1/8～1/4）塞入虫孔内，然后取黏泥团压紧、压实虫孔。

⑤ 枝干施药。成虫发生期前，用高效氯氰菊酯类农药500倍液加适量黏泥涂刷主干和大枝基部（距地面1.2米内），毒杀卵和初孵幼虫。

六、二斑叶螨

1. 为害

以成螨和幼螨、若螨群集在叶背，刺吸汁液。叶片受害初期，常呈现失绿的小斑点，后扩大成片，叶焦黄而提早脱落。

2. 形态特征

雌成螨椭圆形，体长0.42～0.59毫米，体背有刚毛26根，排成6横排。生长季节为白色、黄白色，体背两侧各具1块黑色长斑，取食后呈浓绿色至褐绿色；滞育型体呈淡红色，体侧无斑。雄成螨体长0.26毫米，近卵圆形，多呈绿色。

卵球形，直径0.13毫米，光滑，初产时乳白色，渐变橙黄色，近孵化时出现红色眼点。幼螨初孵时近圆形，体长0.15毫米，白色，取食后变暗绿色，眼红色，足3对。前期若螨体长0.21毫米，近卵圆形，足4对，色变深，体背出现色斑，后期若螨体长0.36毫米，与成螨相似。

3. 发生规律

在北方1年7～15代，南方1年20代以上。在北方地区以受精雌成螨在枝干树皮裂缝、粗皮下、剪锯口翘皮内及树干基部周围土缝、残枝落叶下，或杂草根际等处吐丝结网，潜伏越冬。越冬雌成螨在北方3月中旬至4月上中旬开始出蛰，南方在2月下旬至3月上旬即可出蛰。一般都集中在叶背、丝网下栖息为害。卵多产于叶背主脉两侧或丝网下，螨口密度大时，也能产于叶表、花萼、叶柄和果柄上。

成螨开始产卵至第1代幼螨孵化盛期需20～30天，以后世代重叠。5月上旬后陆续迁移到树上为害。由于前期温度较低，5月份一般不会造成严重发生。随气温升高，其繁殖速度加快，在6月上中旬进入全年的猖獗为害期，7月上中旬进入高峰期。二斑叶螨猖獗发生期持续时间较长，一般年份可持续到8月中旬前后。10月后陆续越冬。

4. 防治措施

（1）农业防治　在果园结合刮病，刮除、刷除、擦除树上越冬成螨或冬卵；害螨进入越冬态后清除或早春害螨出蛰前用土埋压距树干0.3～0.6米范围内的表土；二斑叶螨严重为害的果园，可铲除果园内杂草，减少越冬雌成螨的数量。

（2）保护和利用自然天敌资源　在果园种植藿香蓟、油菜、紫花苜蓿等显花植物，为天敌的繁衍提供潜所和补充食料，提高天敌对害螨的自然控制效果。

(3) 药剂防治

① 果树休眠期防治。果树发芽前喷3～5波美度石硫合剂。

② 生长期防治。

二斑叶螨的关键期是，越冬雌螨出蛰期，掌握在大部分越冬雌成螨已经上树，但产卵之前，华北地区约在4月中旬前后（苹果花序分离至初花期，花前1周左右）；当年第1代卵孵化盛期，绝大部分卵已经孵化，有的虫已经发育为成螨，但尚未产卵之前（落花后1周左右）。6月下旬至7月份，甚至到8月份叶螨繁殖最快，应据虫情进行防治。常用有效药剂有1.8%阿维菌素乳油2500～3000倍液、500克/升溴螨酯乳油1500～2000倍液、240克/升螺螨酯悬浮剂4000～5000倍液、5%唑螨酯乳油1500～2000倍液、15%哒螨灵乳油1500～2000倍液、20%甲氰菊酯乳油1500～2000倍液等。

七、苹小卷叶蛾

苹小卷叶蛾又名棉褐带卷叶蛾、橘小黄卷叶蛾、茶小卷叶蛾、远东卷叶蛾。

1. 为害

幼虫吐丝缀连梢部嫩叶成苞，匿居其中剥食叶肉成纱网或孔洞，并常将叶片缀贴在果实上，藏于其中啃食果皮及浅层果肉，把果皮啃成小凹坑。

2. 形态识别

（1）成虫　体黄褐色。前翅棕黄色基斑、中带、端纹褐色。中带外斜，其上端狭窄，下端渐宽而分叉，呈“h”形；端纹扩至臀角形成三角形斑。后翅浅灰褐色。

（2）卵　扁平，椭圆形。淡黄色，孵化前深灰色。数十粒呈鱼鳞状排列。

（3）幼虫　老熟幼虫体长 13～17 毫米，浅绿至翠绿色，头淡黄绿色，头侧后缘单眼区上方有一褐色斑纹。

（4）蛹　体长 9～11 毫米，黄褐色。后列细小而密。尾端有 8 根钩状刺。

3. 发生规律

苹小卷叶蛾 1 年发生 3～4 代，以 2 龄幼虫结白色茧在枝干翘皮下、粗皮缝、剪锯口周围裂缝等处越冬。翌年花芽开绽时越冬幼虫出蛰，花盛开时为出蛰盛期。前后持续 1 个月。出蛰幼虫爬向花蕾、幼芽、嫩叶剥食。展叶后，开始将几片嫩叶缀连成苞食害。出蛰后 25 天左右老熟，在卷叶内或缀叶间化蛹。平均卵期 6～8 天，幼虫期 15～25 天，蛹期 6～9 天。成虫发生盛期，对 3 代区来说为 6 月上中旬、7 月下旬至 8 月上旬、9 月上中旬；对 4 代区来说为 5 月中下旬、6 月下旬至 7 月上旬、8 月上旬前后、9 月中旬前后。

成虫昼伏夜间活动，有趋光性和趋化性，对果汁、果醋趋性很强。雄虫对雌虫性外激素粗提取物的趋性极为敏感。

4. 防治措施

① 桃树休眠期，彻底刮除老翘皮和粗皮，集中烧毁。后在枝干上涂刷石灰膏，消灭越冬幼虫。结合冬剪和夏季果园管理及时摘除虫苞或捏杀苞内幼虫。

② 诱杀成虫。设置黑光灯诱杀成虫，每 2～3 公顷一盏灯，配合糖醋液或各自的性诱剂诱芯诱杀效果好。

③ 药剂防治。以越冬代幼虫出蛰期和第 1 代幼虫孵化盛期为防治重点。药剂有 50％辛硫磷乳油 1200 倍液、25％喹硫磷乳油或

50%马拉硫磷乳油1000倍液、48%毒死蜱乳油1500倍液、20%甲氰菊酯乳油2000倍液、20%氰戊菊酯乳油1000～1500倍液、25%除虫脲可湿性粉剂4000倍液。

④ 生物防治。卵期释放赤眼蜂。幼虫期释放甲腹茧蜂。

八、山楂红蜘蛛

山楂红蜘蛛又称山楂叶螨，俗称红蜘蛛。

1. 为害

叶螨以成螨和幼、若螨集中在果树的叶芽和叶片刺吸汁液。叶片受害，多在叶背基部的主脉两侧出现黄白色褪绿斑点，螨量多时全叶呈苍白色，易变黄枯焦；严重时在叶片背面甚至正面吐丝拉网，叶片呈红褐色，易引起早期落叶。

2. 形态特征

（1）成虫　雌成虫体长0.5毫米。身体背面共有刚毛26根，分成6排。初蜕皮时红色，取食后变为暗红色（冬型鲜红色，夏型暗红色）。雄成虫体长0.4毫米。身体末端尖削，蜕皮初期浅黄色，渐变绿色，后期呈淡橙黄色，体背两侧有黑绿色斑纹。

（2）卵　圆球形，橙红色，后期产的卵为橙黄色或黄白色。

（3）幼虫　有足3对。体圆形，黄白色，取食后变为淡绿色。

（4）若虫　足4对。前期若虫体背开始出现刚毛，两侧有明显的黑绿色斑纹，并开始吐丝。

3. 发生规律

北方1年发生3～10代，以受精雌成螨在树干皮下、粗皮裂缝内及杂草下集群越冬。翌年春天，当芽膨大时开始出蛰活动，爬到花芽上取食，展叶后即为害叶片。越冬雌成螨在为害嫩叶7～8天后开始产卵，产卵高峰期在谢花后。在辽宁桃区，越冬雌成螨一般在4月末开始上芽为害，盛期在5月中旬。山楂叶螨以第一代发生较为整齐，以后各代世代重叠。全年以6月下旬至8月上旬为害最重，尤其是干旱年份，为害最重。

在北方果区一般为1年3～13代。果花芽膨大期开始出蛰。当芽开绽即转到芽上为害，展叶后便转往叶片上为害。越冬雌成螨在为害嫩叶7～8天后开始产卵，产卵高峰期在谢花后。山楂叶螨以第一代发生较为整齐，以后各代世代重叠。全年以6月下旬至8月上旬为害最重，尤其是干旱年份，为害最重。10月份陆续越冬。

4. 防治措施

（1）农业防治　在果园结合刮病，刮除、刷除、擦除树上越冬成螨或冬卵；二斑叶螨严重为害的果园，可铲除果园内或地边的部分杂草，减少越冬雌成螨的数量。

（2）药剂防治

① 果树休眠期防治。果树发芽前喷3～5波美度石硫合剂对山楂叶螨的越冬雌螨效果很好。

② 生长期防治。发生初期喷1%阿维菌素乳油5000倍液。

九、梨小食心虫

梨小食心虫属鳞翅目、小卷蛾科，又叫桃折心虫、东方蛀果蛾，简称梨小。

1. 为害

初期发生的幼虫主要为害桃树新梢，从新梢顶部向下部蛀食，梢端中空，到木质部时就从中爬出，转到另一新梢为害。也可为害果实。果食被害，有蛀果孔，有的从蛀果孔流胶、腐烂。

2. 形态特征

（1）成虫　体长4.6～6毫米，翅展10.6～15毫米，全体灰褐色，无光泽。前翅灰褐色，无紫色光泽（苹小食心虫前翅有紫色光泽），翅上密布白色鳞片；两翅合拢后，双翅外缘形成的夹角为钝角（苹小食心虫为锐角）。

（2）卵　初产乳白色，后变淡黄白色。扁平，椭圆形，中央隆起，半透明。

（3）幼虫　共5龄。低龄幼虫头和前胸背板黑色，体白色。老熟幼虫体长10～13毫米，头部黄褐色，前胸背板浅黄褐色，体淡黄白色或粉红色，臀板上有深褐色斑点。足趾钩单序环状，腹足趾钩30～40个，臀足趾钩20～30个。腹部末端有臀栉4～7根。

(4) 蛹　体长6～7毫米，黄褐色。

(5) 茧　白色，扁圆形。

3. 发生规律

河北省中南部地区1年发生4～5代。以老熟幼虫在树体主干、主枝翘皮裂缝及树干基部近地面处结茧越冬。也有幼虫在果仓、果品包装箱及石块旁越冬。翌年4月中旬开始羽化，5月中下旬为羽化盛期，并开始产卵于桃梢端叶背面。第一代和第二代幼虫主要为害桃树新梢。为害果实的产卵于果实表面。

成虫白天多静伏在叶、枝和杂草等处，黄昏后活动，对糖醋液和果汁及黑光灯有趋性，对合成性诱剂诱芯有强烈趋性。

梨小食心虫一般在雨水多、湿度高的年份，成虫产卵数量多，为害严重。

4. 防治措施

(1) 消灭越冬幼虫　在梨小食心虫越冬幼虫脱果前，在树干上束草诱其过冬，集中销毁。或在早春果树发芽前刮除老翘皮，收集烧毁。

(2) 诱杀成虫　用黑光灯或用梨小食心虫性诱捕器诱杀食心虫。

(3) 药剂防治　在各代食心虫成虫羽化产卵盛期喷洒药剂防治。常用药剂有48%毒死蜱乳油1200～1500倍液、50%马拉硫磷乳油1200～1500倍液、4.5%高效氯氰菊酯乳油或水乳剂1500～2000倍液、2.5%高效氯氟氰菊酯乳油1500～2000倍液等。一般根据虫情，树上交替施药2～3次，间隔10～15天。

十、茶翅蝽

俗称“蝽象”、“臭板虫”、“臭大姐”。

1. 为害

主要为害果实。果实受害处表面凹陷，内部组织木栓化细胞增多，局部停止生长，果实变硬，畸形，影响食用。

2. 形态识别

（1）成虫 体长15毫米，宽8～9毫米。扁椭圆形，灰褐色略带紫红色，触角丝状。前胸背板前缘有4个黄褐色小点横列。腹部两侧各节间均有1个黑斑。

（2）若虫 与成虫相似，无翅。前胸背板两侧有侧突。

（3）卵 常20～30粒并排成列。卵粒短圆筒状。形似茶杯，灰白色，近孵化时黑褐色。

3. 生活史及发生规律

茶翅蝽1年1代，以成虫越冬。越冬成虫4月中下旬出蛰，5月中下旬开始陆续转移到果园为害，并产卵繁殖。6月中旬至8月中旬为产卵盛期。卵历期10～15天，若虫于7月中旬后陆续羽化为新成虫。以7月份至8月上旬果实受害最为严重。9月下旬成虫开始越冬。

4. 防治措施

（1）人工防治 成虫越冬期进行捕捉；成虫为害期于清晨摇树振落。6月下旬开始摘除卵块和消灭未分散若虫。

（2）化学防治 在越冬成虫出蛰期和低龄若虫期喷药防治。药剂可选用50%杀螟松乳剂1000倍液、48%毒死蜱乳剂1500倍液或20%氰戊菊酯乳油2000倍液，喷2～3次。

十一、绿盲蝽

1. 为害

主要以成虫、若虫刺吸桃嫩叶和果实汁液进行为害。嫩叶出现褐色至深褐色小斑点。斑点扩大为孔洞。被害果实表面形成木栓化连片斑点。

2. 形态特征

（1）成虫 体长卵圆形，长约5毫米，宽约2.2毫米，黄绿色或浅绿色；前胸背板深绿色，有许多黑色小点；前翅端部膜质，半透明，灰色。

（2）卵　长约1毫米，绿色。

（3）若虫　体绿色，翅芽端部黑色。

3. 发生习性

绿盲蝽1年发生4～5代，以卵在树皮内及其他寄主植物上越冬。翌年果树发芽时开始孵化，初孵若虫在嫩芽及嫩叶上刺吸为害。主要为害幼嫩组织，叶片稍老化后不再受害。绿盲蝽食性杂，为害范围广，当果树嫩梢停止生长后，转移到其他寄主植物上为害。成虫、若虫活泼，稍受惊，迅速爬迁或飞行，不易被发现。白天潜伏，多清晨和傍晚在芽及嫩梢上为害。

4. 防治措施

① 发芽前清除果园杂草，集中烧毁或深埋，减少绿盲蝽越冬虫量。

② 喷药防治。一般果园喷药2次左右，间隔期7～10天。以早、晚喷药效果较好。药剂有48%毒死蜱乳油或40%可湿性粉剂1200～1500倍液、10%吡虫啉可湿性粉剂1200～1500倍液、350克/升吡虫啉悬浮剂5000～6000倍液、4.5%高效氯氰菊酯乳油或水乳剂1500～2000倍液、2.5%高效氯氟氰菊酯乳油1500～2000倍液等。

附　录

一、桃树科学栽培管理技术答疑

（选自陈敬谊在河北电视台“农博士在行动”答疑，
按答疑月份列出，供参考）

3 月答疑

1. 滦南观众问：大棚桃树叶子上有白点，落叶、落果，是怎么回事？

答：你仔细看一看，如果是虫害，可能是介壳虫，喷杀虫剂可以杀灭，如果是粉状物，就是白粉病或灰霉病，喷杀菌剂就行。

2. 乐亭观众问：大棚桃树叶不舒展，这事怎么回事？

答：有以下几种可能。

① 蚜虫为害造成的，及时喷药。

② 芽原基形成时，受到为害，如喷除草剂等影响。

③ 扣棚太早，桃树没有正常通过休眠。

3. 辛集观众问：桃树施什么肥料好？

答：氮磷钾 3∶1∶3，加微量元素，秋季施腐熟的有机肥。

5 月答疑

1. 新乐观众问：我家种的黄桃，入土十厘米的位置，总是发烂，是怎么回事？应该怎么防治？能不能回复，希望告诉我。

答：是根茎部位的病害，防治方法是在树干周围挖一个深度 10 厘米左右的坑，直径 35 厘米，露出部分大根，然后用 300 倍杀菌剂灌满坑进行杀菌，坑不用马上填土，1 年以后再填回。

2. 晋州观众问：桃树上食心虫，什么时间打药合适？

答：该害虫在河北中南部第一代在 6 月 25～30 日蛀果为害，可及时喷洒杀虫剂防治。

3. 正定观众问：我们种着桃树，开花以后一部分全死了，一部分不长。我们村都是这种情况。我想问这是什么原因？希望专家指导。

答：估计是根系出问题了。松土增加透气；使用菌肥加微肥树下撒施后浇水；控制产量，桃树怕涝，减少浇水次数。

4. 藁城观众问：我种的桃树，快成熟的时候开始落果，想知道是什么原因及如何处理？

答：①品种原因；②控制氮肥，增加钾肥；③喷多效唑等控制旺长；④叶片喷钙肥。

5. 廊坊观众问：桃树上的蜗牛怎么治？

答：可能是蜗牛或一种叫蛞蝓的叶片害虫，喷洒普通杀虫剂就可防治。

6. 高阳观众问：桃树树叶发黄，还有坐果率很低，这是什么原因造成的？

答：前一年坐果过多；树势衰弱，加强施肥；冬季冻害，加强保护；桃树皮腐烂病，及时刮皮涂抹药物防治。

6 月答疑

1. 无极观众问：我们家的桃树叶子发黄，叶子总是掉，该用些什么药？

答：不是病菌造成的，是生理病害，解决方法，及时松土，增加土壤的透气性；进行疏果，合理负载；夏季可喷多效唑 500 倍控制旺长，避免夏季修剪过重。

2. 四川内江观众问：我的桃树结果特别少，主要是桃花开的太旺盛，该怎么治？

答：原因有三种可能，一是小树或幼树，明年坐果就多了；二是没有花粉或花粉少，要进行人工授粉；三是树长得太旺，春季拉枝开角，花期生长枝摘心。

7月答疑

1. 农民网廊坊安次区网友路光亮发来图片问：桃树树叶泛黄，有落叶现象，咨询一下是怎么回事。

答：最近几年，桃树黄叶现象在河北省各地大部分桃园都有发生，程度有轻有重，综合原因有以下几个方面。

原因1：桃树根系呼吸旺盛，如果桃园的土壤属于重壤土或黏土，透气性差，根系呼吸受到抑制，造成桃树新根生长困难或毛细根死亡，会影响桃树对各种营养物质的吸收，造成新梢叶黄，在强烈的太阳光照射下，干枯脱落。

解决方法：改良土壤，增施有机肥，增强桃园土壤的透气性。

原因2：桃树连年结果过多，负载量过大，叶片制造的光合产物不能输送到根系，造成根系因饥饿大量死亡，从而影响营养的吸收，造成地上部黄叶。

解决方法：适当控制产量，每年以亩产以不超过2500千克为宜。

原因3：夏季修剪或采果后修剪过重，去掉了大量功能叶片，造成光合产物减少，导致新根系生长和吸收营养受到抑制，造成新梢叶片变黄。

解决方法：避免带叶修剪过重，可用多效唑控长。旺长期喷200倍15％多效唑液2～3次即可。

原因4：地下水位过高或受到涝灾，导致土壤透气性变差。

解决方法：避免在低洼地栽植桃树，雨后及时排水。

原因5：某些桃树根系病害如根腐病、根头癌肿病等也会造成桃树地上部黄叶。

解决方法：用广谱性杀菌剂灌根，如多菌灵500倍液。或选择无病毒砧木。

原因6：桃树枝干流胶，导致树势衰弱，也是造成黄叶的原因之一。

解决方法：保持桃园清洁卫生，有树干流胶情况，春夏季及时在树干喷洒杀菌剂，如甲基托布津700倍液。

原因7：由于叶片过早大量脱落，也会造成第二年叶片变黄。

解决方法：要及时喷洒杀虫剂、杀菌剂防治病虫害。

2. 秦皇岛抚宁县观众问：油桃畸形太多，发育不良，出成品果太少，有什么好办法提高坐果率？

答：这是两个问题，我分开回答。

第一个问题：如何提高油桃的坐果率。

油桃是普通桃（有毛桃）的一个变种，因果面无毛而得名油桃，它的特点，一是花芽分化质量差异大，造成第二年开花期长，幼果大小不一致；二是花束状果枝多，只有顶芽是叶芽，其余都是花芽，坐果后枝条后边没有叶片；三是冬季花芽容易受冻，造成花芽脱落或畸形花，发生坐果率低或畸形果增多的现象。

解决方法：加强肥水管理，提高花芽分化的质量；冬季修剪时及时剪除花束状果枝，多留中长果枝；秋季及时控制营养生长，积累营养，提高花芽的抗寒能力；花期人工授粉或果园放蜂，提高坐果率。

第二个问题：如何解决油桃畸形太多，发育不良，出成品果太少的问题。

① 加强肥水管理，促进果实发育，提高果实品质和产量。

② 及时疏除小果、畸形果，花束状果枝上不留果或尽量少留果。

③ 特别要加强春夏季虫害的防治工作，因为油桃无毛，不能像有毛桃那样，通过果实上的毛抵抗蚜虫、盲蝽蟓、瓢虫等的刺吸为害，因此，油桃果实每年受到蚜虫、盲蝽蟓、瓢虫等的刺吸为害比普通桃果要严重得多，造成畸形果大量增加，果农损失很大，因此，我要特别强调必须加强春夏季虫害的防治工作。

3. 现在桃树正处在果实膨大期，这个时期管理的好坏对后期的果实品质是至关重要的，那么老乡们应该着重哪些工作来提高果实品质呢？

答：可以从两个方面着手来做工作，一是控制营养生长，对正在生长的枝条进行摘心或喷生长抑制剂，目的是节约营养，促进果实膨大，这是节流；二是开源，做法是膨果期树下追施足量的以钾肥为主的多元素复合肥（含硼元素），钾肥能把叶片的光合效率提高3～5倍，为果实膨大提供更多的葡萄糖，果实自然就个大、甜，而且着色好（因为色素也是由葡萄糖转化形成的）。

4. 河间观众问：现在桃子刚红尖，就老往下掉了，应该怎么解决？

答：缺钙引起的生理病害，幼果期叶片补喷2～3次钙肥，膨大和着色期增施钾肥就好了。

二、桃产区主要病虫害防治历

（摘自农业部种植业管理司等编，桃标准园生产技术，2011）

1. 长江流域桃产区病虫害防治历

1月～2月中旬（休眠期至萌芽前）

防治对象：树上及枯枝、落叶和杂草中越冬病菌、害虫等。

防治措施：

① 冬剪时彻底剪除病枝和僵果，集中烧毁或深埋。

② 清除果园内枯枝、落叶和杂草，消灭越冬成虫、蛹、茧和幼虫等。

③ 早春发芽前彻底刮除树体粗皮、剪锯口周围死皮，消灭越冬态害虫和病菌。

④ 休眠期用硬毛刷刷掉枝条上的越冬桑白蚧，并剪除受害枝条，一同烧毁。

⑤ 树干大枝涂白，预防日烧、冻害，兼杀菌治虫。

⑥ 萌芽前喷4～5波美度石硫合剂。

2 月～5 月（开花期、幼果期、新梢旺盛生长期）

防治对象：蚜虫、介壳虫、叶螨类、梨小、卷叶蛾、桃蛀螟等虫害；流胶病、褐腐病、缩叶病、细菌性穿孔病、疮痂病等病害。

防治措施：

① 利用黄板诱杀蚜虫；或用 10％吡虫啉 1500～2000 倍液，25％阿克泰（噻虫嗪）8000～10000 倍液喷防。

② 介壳虫：用 30％强力杀蚧（30％机油石硫微乳剂）800 倍液，48％乐斯本（毒死蜱）1000～1500 倍液，2.5％木虱净（吡虫啉＋其他菊酯类）1500～2000 倍液喷防。

③ 螨类：当每叶螨量在 2 头以下时，用 1.8％害通杀（阿维菌素）3000～4000 倍液，34％杀螨星 2000～2500 倍液喷防。

④ 挂性诱剂防治梨小食心虫、桃蛀螟、潜叶蛾；或用 52.25％农地乐（毒死蜱＋氯氰菊酯）1000～1500 倍液，5％功夫（氯氟氰菊酯）2000 倍液，22％天杀星（高氯氰菊酯＋辛硫磷）1000～1500 倍液喷防。

⑤ 流胶病：用 10％世高（苯醚甲环唑）3000 倍液（或 30％嘉润 3000 倍液、25％富力库 5000 倍液）加 2％加收米（春雷霉素）500～800 倍液（或 72％农用硫酸链霉素 5000 倍液）喷防；或用石硫合剂、843 康复剂、涂向剂（生石灰 12 千克，食盐 2～2.5 千克，硫黄粉 1 千克，水 36 千克）。

⑥ 缩叶病：3 月上旬，用 50％退菌特（福美双）500 倍液，或 80％金大生 M-45（代森锰锌）500 倍液喷防。

⑦ 疮痂病：5 月中旬，用大生 M-45、氟硅唑、代森锰锌喷防。

6 月～7 月（新梢生长高峰期、果实成熟采收期）

防治对象：叶螨类、卷叶娥、红颈天牛、桃蛀螟、梨小等虫害；褐腐病、白粉病、霉污病等病害。

防治措施：

① 螨类、卷叶蛾、梨小等虫害仍按照前述的方法防治。

② 人工捕捉红颈天牛，挖其幼虫。

③ 白粉病：采用粉锈宁、三唑酮、百菌清防治，药剂按说明书使用。

④ 其他病害按每10～15天喷杀菌剂1次，防治褐腐病、炭疽病等。可选用甲基托布津、喷克大生M-45可湿性粉剂，或用中生菌素水剂、代森锰锌可湿性粉剂等，按说明书要求喷施浓度即可。

⑤ 霉污病：75%达科宁（百菌清）600～800倍液加68%金雷多米尔（精甲霜灵+代森锰锌）800～1000倍液喷防。

7月中旬（果实成熟期）

防治对象：梨小食心虫、金龟子、黑蝉、红颈天牛等虫害。

防治措施：

① 适时夏剪，改善树体结构，通风透光；及时摘除病果，减少传染源。

② 利用金龟子成虫的假死性，于清早或傍晚，在树下铺塑料布，摇动树体，捕杀成虫。利用其趋光性，夜晚时在地头或行间点火，使金龟子向火光集中，坠火而死。利用其趋化性，挂糖醋液瓶或烂果，诱集成虫，然后收集杀死。

③ 及时剪除黑蝉产卵枯死梢、虫梢。发现有吐丝缀叶者，及时剪除，消灭正在为害的卷叶蛾幼虫。

④ 利用性诱剂测报和诱杀梨小食心虫，在预报的基础上，可喷施甲维盐和毒死蜱等进行化学防治。及时剪除梨小食心虫为害的桃梢。

⑤ 人工挖除红颈天牛幼虫。

8月～10月（果实采收后，枝条停止生长，养分回流到根系）

防治对象：螨类、红颈天牛、潜叶蛾、毛虫、叶蝉等虫害。白粉病等病害。

防治措施：

① 注意螨类、红颈天牛、潜叶蛾、白粉病的继续为害，发现

时用药剂防治。

② 喷功夫乳油或灭幼脲 3 号，防治潜叶蛾和一点叶蝉。

③ 人工挖除红颈天牛幼虫。

④ 在大青叶蝉发生严重地区，进行灯光诱杀。9 月中旬后在主枝上绑草把，诱集越冬的成虫和幼虫。

⑤ 结合施有机肥，深翻树盘，消灭部分越冬害虫。

11 月～12 月（落叶、进入休眠期）

防治对象：树上越冬病虫。

防治措施：落叶后树干、大枝涂白，可防治越冬病虫。

涂白剂配制方法：生石灰 12 千克，食盐 2～2.5 千克，大豆汁 0.5 千克，水 36 千克。

2. 黄河流域桃产区病虫害防治历

1 月～3 月上旬（休眠期至萌芽前）

防治对象：清除越冬害虫和各种病原（穿孔病、疮痂病、褐腐病、腐烂病）。

防治措施：

① 及时清理修剪枝条、枯枝、病虫枝、叶、僵果，集中销毁。

② 休眠期用硬毛刷刷掉枝条上的越冬桑白蚧，并剪除受害枝条，一同烧毁。

③ 树干大枝涂白，预防日烧、冻害，兼杀菌治虫。

④ 3 月中旬在旧剪锯口涂敌敌畏 200 倍液防治害虫，杀死越冬卷叶幼虫。

⑤ 全园喷布石硫合剂进行消毒；3 月中旬喷 5 波美度、3 月下旬喷 3 波美度石硫合剂，杀虫杀菌。

3 月中旬～4 月（开花期、果实第一次膨大期、新梢旺盛生长期）

防治对象：蚜虫、卷叶蛾、潜叶蛾、梨小食心虫、桃蛀螟、天牛；穿孔病、褐腐病。

防治措施：

① 花前或花后喷吡虫啉防治蚜虫。一般掌握喷药及时细致、周到，不漏树、不漏枝，1 次即可控制。

② 花后 15 天左右，喷蜡蚧灵防治桑白蚧。

③ 灭扫利 2000 倍液＋卷叶灵或果虫灵或卷叶净 1000 倍液。

④ 灭菌灵 1000 倍液，或 80％多菌灵 600 倍液，或代森锰锌 600 倍液。

⑤ 黑光灯诱杀。此法可诱杀许多害虫，如桃蛀螟、卷叶蛾、金龟子等。

⑥ 糖醋液诱杀梨小食心虫、卷叶蛾、桃蛀螟、红颈天牛等。配方为：糖 5 份，酒 5 份，醋 20 份，水 80 份。

⑦ 挖除红颈天牛幼虫。

5 月～6 月（新梢生长高峰期、硬核期、早熟品种成熟）

防治对象：螨类、卷叶蛾、潜叶蛾、梨小食心虫、桃蛀螟；疮痂病、穿孔病、褐腐病。

防治措施：

① 用 20％四螨嗪悬浮剂 2000 倍液，或 15％哒螨灵乳油 2000 倍液，或 1.8％阿维菌素乳油 3000 倍液喷雾防治螨类害虫。

② 灭扫利 2000 倍液＋卷叶灵或果虫灵或卷叶净 1000 倍液防治卷叶蛾。

③ 用桃潜蛾性外激素诱捕器监测成虫发生期。在成虫产卵期和幼虫孵化期用 25％灭幼脲悬浮剂 2000 倍液喷雾。

④ 每 10～14 天喷 1 次杀菌剂防治病害：可选用 70％甲基硫菌灵可湿性粉剂 1000 倍液，或 50％多菌灵可湿性粉剂 800 倍液，或 70％代森锰锌可湿性粉剂 800 倍液。

⑤ 及早剪除被梨小食心虫为害的桃梢和幼果；用糖醋液或性外激素诱捕器诱杀成虫。在成虫产卵期，用 20％氰戊菊酯乳油 2000 倍液或 5％高效氯氰菊酯乳油 2000 倍液喷雾。

6月下旬～7月（新梢生长减弱，花芽分化）

防治对象：潜叶蛾、食心虫、螨类、桃蛀螟、金龟子；穿孔病、褐腐病、疮痂病。

防治措施：

① 根据虫情监测，如有潜叶蛾、食心虫、螨类发生，防治方法同前。

② 利用金龟子成虫的假死性，于清早或傍晚，在树下铺塑料布，摇动树体，捕杀成虫。利用其趋光性，夜晚时在地头或行间点火，使金龟子向火光集中，坠火而死。利用其趋化性，挂糖醋液瓶或烂果．诱集成虫，然后收集杀死。

③ 根据病害种类选择农药：防治细菌性穿孔病用72%农用硫酸链霉素水溶性粉剂（1000万单位）4000倍液或70%代森锰锌可湿性粉剂800倍液，兼治其他病害；防治桃褐腐病等，用70%甲基硫菌灵可湿性粉剂1000倍液或50%多菌灵可湿性粉剂800倍液喷雾；防治桃白粉病可用43%戊唑醇悬浮剂3000倍液或30%己唑醇悬浮剂6000倍液喷雾。

8月～10月（大部分新梢停止生长，养分回流到根系）

防治对象：梨小食心虫、红颈天牛、潜叶蛾、茶翅蝽叶蝉等虫害；霉污病、疮痂病等病害。

防治措施：

① 梨小食心虫、桃蛀螟、金龟子、疮痂病可能为害晚熟桃果实，要注意防治，方法5月～6月防治对象的防治。

② 喷功夫乳油或灭幼脲3号，防治潜叶蛾和一点叶蝉。

③ 人工挖除红颈天牛幼虫。

④ 在大青叶蝉发生严重地区，进行灯光诱杀。8月下旬后在主枝上绑草把，诱集越冬的成虫和幼虫。

⑤ 结合施有机肥，深翻树盘，消灭部分越冬害虫。

⑥ 霉污病。用75%达科宁（百菌清）600～800倍液加68%金

雷多米尔（精甲霜灵＋代森锰锌）800～1000 倍液喷防。

11 月～12 月（落叶、进入休眠期）

防治对象：树上越冬病虫

防治措施：

① 落叶后树干、大枝涂白，防止日灼、冻害，兼杀菌治虫。涂白剂配制方法：生石灰 12 千克，食盐 2～2.5 千克，大豆汁 0.5 千克，水 36 千克。

② 清园。

3. 华北桃产区病虫防治历

1 月～3 月（休眠期至萌芽前）

防治对象：树上及枯枝、落叶和杂草中越冬病菌、害虫等。

防治措施：

① 冬剪时彻底剪除病枝和僵果，集中烧毁或深埋。

② 清除果园内枯枝、落叶和杂草，消灭越冬成虫、蛹、茧和幼虫等。

③ 早春发芽前彻底刮除树体粗皮、剪锯口周围死皮，消灭越冬态害虫和病菌。

④ 休眠期用硬毛刷刷掉枝条上的越冬桑白蚧，并剪除受害枝条，一同烧毁。

⑤ 树干、大枝涂白，预防日烧、冻害，兼杀菌治虫。

⑥ 萌芽前喷 3～5 波美度石硫合剂。

4 月～5 月（开花期、果实第一次膨大期、新梢旺盛生长期）

防治对象：蚜虫、蟒象类、梨小食心虫、卷叶蛾、桑白蚧、叶螨类、金龟子等虫害；炭疽病、疮痂病、细菌性穿孔病等病害。

防治措施：

① 花前或花后喷吡虫啉防治蚜虫。一般掌握喷药及时细致、

周到，不漏树、不漏枝，1 次即可控制。

② 花后 15 天左右，喷蜡蚧灵防治桑白蚧。

③ 展叶后每 10～15 天，喷 1 次 70%代森锰锌可湿性粉剂 500～600 倍液，或硫酸锌石灰液，或 70%甲基托布津 1500 倍液，或 80%喷克可湿性粉剂 800 倍液，或戊唑醇和苯醚甲环唑，防治细菌性穿孔病、疮痂病、炭疽病等。

④ 黑光灯诱杀。此法可诱杀许多害虫，如桃蛀螟、卷叶蛾、金龟子等。

⑤ 糖醋液诱杀梨小食心虫、卷叶蛾、桃蛀螟、红颈天牛等，配方为：糖 5 份，酒 5 份，醋 20 份，水 80 份。

⑥ 性诱剂测报和诱杀梨小食心虫、桃小食心虫、卷叶蛾、红颈天牛、桃潜叶蛾等。

⑦ 5 月上中旬喷 20%杀脲灵乳油 8000～10000 倍液（2.5%溴氰菊酯乳油），25%灭幼脲 3 号 2000 倍液，防治梨小食心虫、椿象（绿盲蝽和茶翅蝽）、桑白蚧和潜叶蛾。

⑧ 挖除红颈天牛幼虫。

6 月～7 月上旬（新梢生长高峰期、硬核期、早熟品种成熟）

防治对象：叶螨类、卷叶蛾、红颈天牛、桃蛀螟、梨小、桃小、茶翅蝽等虫害；褐腐病、炭疽病等病害。

防治措施：

① 加强夏季修剪，使树体通风透光。

② 人工捕捉红颈天牛，挖其幼虫。

③ 喷施阿维菌素类（齐螨素），防治山楂叶螨和二斑叶螨。

④ 每 10～15 天喷杀菌剂 1 次。防治褐腐病、炭疽病等。可选用甲基托布津、喷克可湿性粉剂、大生 M-45 可湿性粉剂，或中生菌素水剂、代森锰锌可湿性粉剂等，按说明书要求喷施浓度即可。

⑤ 利用性诱剂测报和诱杀桃蛀螟、梨小食心虫、桃小食心虫等，及时剪除梨小食心虫为害桃梢。

⑥ 6 月上旬，及时剪除茶翅蝽的卵块并捕杀初孵若虫。

7 月中旬（果实成熟期）

防治对象：梨小食心虫、金龟子、黑蝉、红劲天牛等虫害。

防治措施：

① 适时夏剪，改善树体结构，通风透光；及时摘除病果，减少传染源。

② 利用金龟子成虫的假死性，于清早或傍晚，在树下铺塑料布，摇动树体，捕杀成虫。利用其趋光性，夜晚时在地头或行间点火，使金龟子向火光集中，坠火而死。利用其趋化性，挂糖醋液瓶或烂果，诱集成虫，然后收集杀死。

③ 及时剪除黑蝉产卵枯死梢、虫梢。发现有吐丝缀叶者，及时剪除，消灭正在为害的卷叶蛾幼虫。

④ 利用性诱剂测报和诱杀梨小食心虫，在测报的基础上，可喷施甲维盐和毒死蜱等进行化学防治；及时剪除梨小食心虫为害桃梢。

⑤ 人工挖除红颈天牛幼虫。

8 月～10 月（晚熟品种成熟，枝条停止生长，养分回流到根系）

防治对象：梨小食心虫、红颈天牛、潜叶蛾、茶翅蝽、叶蝉等虫害；疮痂病等病害。

防治措施：

① 在进行测报的基础上，防治梨小食心虫。在树干束草诱集越冬梨小食心虫幼虫。

② 喷功夫乳油或灭幼脲 3 号，防治潜叶蛾和一点叶蝉。

③ 人工挖除红颈天牛幼虫。

④ 在大青叶蝉发生严重地区。进行灯光诱杀。8 月下旬后在主枝上绑草把，诱集越冬的成虫和幼虫。

⑤ 结合施有机肥，深翻树盘，消灭部分越冬害虫。

11月～12月（落叶、进入休眠期）

防治对象：树上越冬病虫。

防治措施：落叶后树干、大枝涂白，防止日灼、冻害，兼杀菌治虫。涂白剂配制方法：生石灰12千克，食盐2～2.5千克，大豆汁0.5千克，水36千克。

参 考 文 献

[1] 熊毅，李庆逵．中国土壤．北京：科学出版社，1987.

[2] 杜澍主编．果树科学实用手册．西安：陕西科学技术出版社，1986.

[3] 李光武主编．果树科学用药指南．北京：中国农业科技出版社，1997.